AF263954

Ve
104

EXCURSION
SUR LES CÔTES
ET
DANS LES PORTS
DE NORMANDIE.

A PARIS,

CHEZ J. F. OSTERVALD, QUAI DES AUGUSTINS, N° 25.

IMPRIMERIE DE JULES DIDOT AÎNÉ,
RUE DU PONT-DE-LODI, N° 6.

HONFLEUR.

VUE DE L'EMBOUCHURE DE LA SEINE.

En tournant un peu sur soi-même, quand on est sur la hauteur de Notre-Dame-de-Grace, la scène change absolument d'aspect. Ce n'est plus un site agreste que l'on aperçoit; l'œil ne vient plus s'égarer sous des ombrages délicieux; c'est un horizon immense qu'il embrasse. à l'extrémité duquel le ciel et la mer semblent entièrement confondus. Tout est sublime dans ce nouveau tableau; tout porte un caractère de majesté sévère, imposant pour les habitants de ces plages, et plus imposant encore pour ceux de l'intérieur des terres qui n'ont jamais joui de ce spectacle. Aussi ces derniers, en venant promener leur curiosité sur ces rivages, ne manquent jamais de s'y arrêter avec délices pour contempler un point de vue qui leur procure des émotions inconnues jusqu'alors. Leur témérité nautique leur fait même traverser quelquefois l'espace qui sépare les deux rives de la Seine; mais, après une entreprise aussi audacieuse, lorsqu'ils sont revenus au sein de leurs foyers, ils racontent alors avec orgueil toutes les particularités de leur voyage, sans jamais oublier la tempête, devenue l'épisode obligé de ces sortes de récits.

En face du spectateur, à travers le bras de mer qui baigne à-la-fois les murs d'Honfleur et du Havre-de-Grace, on aperçoit cette dernière ville dominée au nord par des côtes escarpées. C'est de ce lieu que l'on distingue ce mouvement maritime qui répand aujourd'hui une activité si grande sur des bords où le règne de François Ier comptoit à peine quelques cabanes. Ce passage si prompt de la misère à l'opulence, de l'oubli à la célébrité, est sans doute un profond sujet de réflexions sur les circonstances qui élèvent ou anéantissent les cités; mais les personnes qui connoissent la puissance du génie du commerce; celles qui peuvent apprécier l'immense influence qu'il exerce sur la prospérité de la chose publique, ne voient dans cet accroissement de la fortune d'une ville qu'un besoin impérieux d'y fixer par de sages dispositions administratives une divinité si capricieuse. Différents moyens sont propres à faire atteindre ce but, et ce n'est pas ici l'occasion de les discuter; cependant, lorsqu'on est secondé dans leur recherche par les localités, quand un port est situé, comme le Havre, à l'embouchure d'un fleuve dont les eaux baignent non seulement des villes d'une certaine importance, mais encore une capitale où les produits industriels de trente millions d'habitants sont, pour ainsi dire, centralisés; alors les chances de succès se multiplient; les spéculations acquièrent d'autant plus de hardiesse que la réussite est plus probable, et l'on voit bientôt, par cet heureux concours, les maisons remplacer des chaumières, et des cités s'élever sur les lieux où trafiquoient de modestes pêcheurs.

HONFLEUR.

....

CHAPELLE DE NOTRE-DAME-DE-GRACE.

A l'ouest de la ville d'Honfleur, on rencontre, au sommet d'une côte escarpée, située sur les bords de la Seine, une chapelle aussi remarquable par les visites religieuses dont elle est l'objet que par le site enchanteur qu'elle présente. Environné d'une végétation abondante qui donne à son aspect une physionomie agreste, ce lieu, d'où l'on découvre les lointains de l'océan, mérite à juste titre l'espèce de célébrité qui lui attire l'attention de tous les voyageurs. Quelques capucins, par l'entremise desquels les pèlerins venoient adresser leurs suppliques à la Vierge, desservoient autrefois cet asile encore rempli des offrandes et des *ex voto* présentés par la reconnoissance des matelots à leur céleste protectrice. Ici l'on voit, suspendues à la voûte, des béquilles offertes par un boiteux en l'honneur du miracle qui lui rendit l'usage de ses jambes; là, des modèles de navires attachés au plafond de l'édifice témoignent, aux yeux des fidèles, les dangers auxquels la Vierge seule a pu les arracher; plus loin, des tableaux où le vermillon et le bleu se disputent la préséance retracent l'apparition de l'auguste patronne aux regards éplorés d'un équipage; par-tout enfin l'on aperçoit les nombreux témoignages de la gratitude du foible envers la toute puissance de la protection divine. Il ne faut pas croire cependant que cette confiance aveugle, dans une intercession excitée par l'imminence d'un péril quelconque, puisse changer entièrement les habitudes de ceux qui s'imposent ainsi des obligations pour désarmer le courroux du ciel: ce seroit avoir une fausse idée du caractère des suppliants. Au contraire ces pieuses réunions, si louables dans leur principe, deviennent parfois une circonstance favorable aux penchants que les marins conservent toujours pour la licence, et c'est dans les conséquences de l'accomplissement de ces vœux qu'il faut trouver les preuves de cette assertion.

HONFLEUR.

Dès qu'un équipage aborde le rivage, il s'empresse aussitôt d'accomplir la résolution qu'il a formée dans une situation dangereuse; à cet effet, une procession précédée d'une bannière et suivie du clergé de la paroisse se dirige, au milieu de la foule, vers la chapelle destinée à ces sortes de pèlerinages. De toutes parts les chants religieux se font entendre; bientôt on gravit, nu-pieds et en chemise, les sentiers rocailleux qui conduisent au sommet de la côte; par-tout règne le recueillement ou la ferveur, l'enthousiasme ou l'humilité; mais à peine les dernières actions de graces se sont-elles fait entendre, à peine la fin de la cérémonie permet-elle aux matelots de revenir vers la ville, que les premiers penchants reparoissent avec d'autant plus de force qu'ils ont été plus comprimés. Soudain ils se répandent dans tous les lieux où le plaisir se présente sous les formes les plus brutales; soudain les juremens succèdent aux cantiques; les bravades irreligieuses à la religion; et celui qui le matin s'abaissoit avec tant de componction pour s'acquitter du prix qu'il avoit mis à son existence, semble maintenant chercher dans les blasphèmes l'énergie factice que le premier orage va confondre de nouveau.

HONFLEUR.

VUE DE L'ENTRÉE DU PORT A BASSE MARÉE.

Honfleur, ville du département du Calvados, située entre la côte Vassal et celle de Grace, sur la rive gauche de l'embouchure de la Seine, est dans une position extrêmement favorable aux opérations maritimes. Il paroît, d'après les récits de plusieurs historiens, qu'elle occupoit, dans les temps moyens de la monarchie, un rang honorable parmi les ports de la province, puisque, sous le règne de François Ier, elle étoit pourvue d'un château, de murailles, et de portes défendues par des bastions dont il reste encore des débris. Cet appareil militaire la rendoit digne nécessairement d'un certain intérêt; et si l'on réfléchit d'ailleurs que le Havre étant nul à cette époque, Honfleur présentoit le seul point d'où l'on pût défendre l'embouchure de la Seine contre l'audace des flottes ennemies; si l'on examine le parti qu'on pouvoit tirer de sa situation topographique, au moyen de laquelle on peut commander tout le commerce dont ce fleuve est l'écoulement continuel, on concevra quel prix la France dut attacher à sa conservation. Quelques chroniques font remonter son origine au temps de Jules César; d'autres veulent qu'un chef d'aventuriers dont les soldats rançonnoient les bâtiments qui naviguoient dans ces parages en ait été le fondateur; mais ces assertions, reposant sur d'anciennes traditions populaires, et ne s'appuyant sur aucuns documents historiques, ne méritent pas une sérieuse attention. Quoi qu'il en soit, *Huneflotum* (c'est le nom latin qu'il porte, et dans les vieux titres Huncflot,) fut souvent le théâtre d'événements remarquables tant à l'époque de l'invasion de la Normandie par les Anglois, que lors des guerres civiles soutenues dans ce pays par les calvinistes. Assiégée en 1440 par les premiers, prise en 1562 par les seconds, reprise la même année par le duc d'Aumale, cette ville étoit tour-à-tour la proie des différents partis qui se disputoient sa conquête, lorsque Henri IV, maître alors d'une partie de la province, résolut de s'en emparer. Le

HONFLEUR.

chevalier de Grisson, gouverneur de la place, fit une résistance aussi habile que
vigoureuse. En capitaine expérimenté il s'étoit ménagé des intelligences avec l'a-
miral Brancas de Villars, un des plus fermes appuis de la ligue, et recevoit par
mer des convois de vivres ou de munitions. Peut-être même la valeur de la garnison, ranimée par ces puissants secours, auroit-elle fatigué le courage du monarque, s'il n'avoit fait couler un bâtiment à l'entrée du port, et coupé de cette
manière toute communication avec les assiégés. Cette manœuvre produisit son
effet; elle isola complétement Honfleur des alliés qui pouvoient la secourir, dé-
couragea bientôt sa garnison, qui, par une capitulation honorable, passa enfin
sous les drapeaux du roi de Navarre.

Le port d'Honfleur a fourni d'intrépides navigateurs, dont les découvertes
jettent de l'éclat sur ses annales maritimes. C'est de ce lieu que Binot Paulmier de
Gonneville, parti pour les Indes, fut jeté sur la côte de Madagascar qu'il prit pour
celle des terres australes. En 1617 le nommé Lelièvre, natif d'Honfleur, sortit de
Dieppe avec trois vaisseaux pour Java, Achem, et Sumatra, et commença des
liaisons commerciales avec les souverains de ces contrées. Pierre Berthelot, pilote
d'Honfleur, se signala dans les Indes par son habileté dans la navigation et par sa
bravoure; il se fit carme déchaussé, continua d'exercer sa profession, et souffrit
le martyre en 1639 dans la ville d'Achem. Enfin tous les habitants de cette ville,
voués depuis long-temps aux entreprises de la mer, exercés sans cesse à la pratique de cet élément, ont rendu à la marine françoise les plus grands services.
La situation d'Honfleur est très agréable: bâtie en amphithéâtre au pied d'une
colline au sommet de laquelle on parvient par une pente insensible, elle présente, lorsqu'on arrive par la route de Rouen, un coup d'œil très remarquable.
Les restes d'un vieux château, appelé la Lieutenance, que l'on aperçoit encore à
l'entrée du port, contribuent, par la forme pittoresque de ses débris, à rendre
la perspective plus intéressante; mais la vue d'une campagne aussi belle, d'une
nature aussi féconde en contrastes piquants, ne dissipe pas entièrement les idées
pénibles qui naissent à l'aspect de l'énorme quantité de vase dont l'entrée du
port est depuis long-temps encombrée. Espérons toutefois que le projet conçu
pour amener en ces lieux les eaux d'une rivière chargée de les nettoyer leur don-
nera par la suite sinon leur ancienne prospérité, au moins la facilité de recevoir
sans danger les bâtiments qui fréquentent ces rivages.

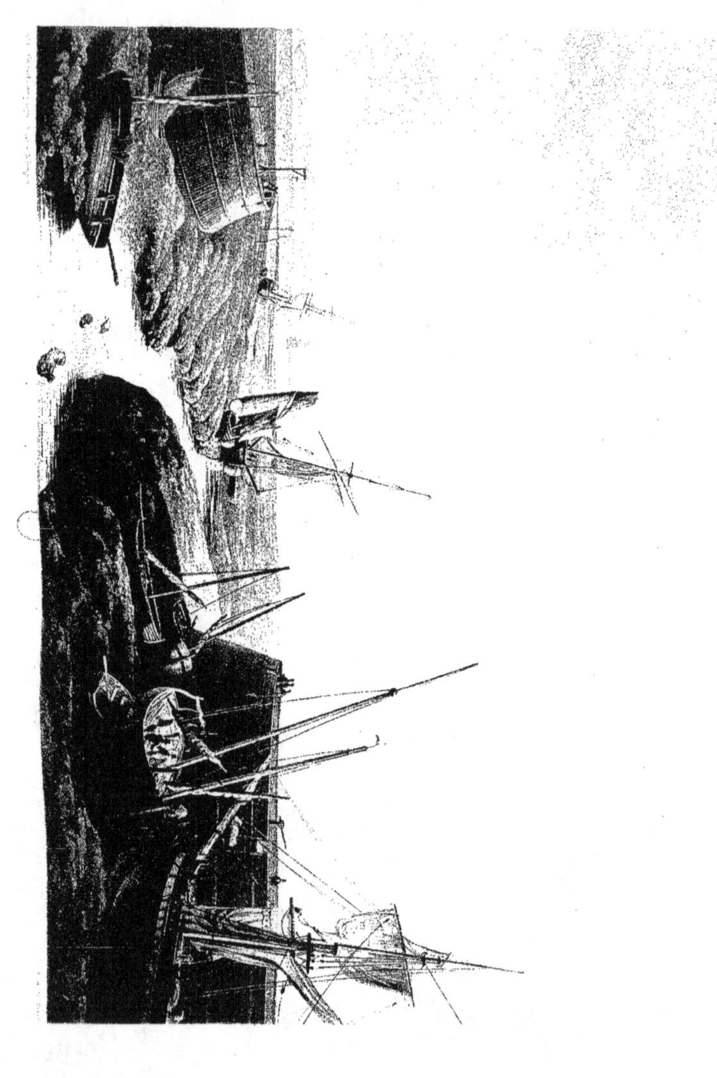

HONFLEUR.

VUE DE L'INTÉRIEUR DU PORT.

L'intérieur du port de Honfleur renferme deux bassins: le premier, mal entretenu, n'est presque d'aucun usage: le second rend encore quelques services au moyen d'une écluse de chasse, dont l'action cependant est tellement paralysée par les obstacles résultants des localités mêmes, qu'elle peut suffire à peine à l'entretien du chenal. L'avant port toutefois est assez spacieux; il y peut entrer des vaisseaux tirant jusqu'à seize pieds d'eau, circonstance assez favorable au petit nombre d'expéditions de long cours que cette ville est en état d'entreprendre. Différents projets avoient été soumis à l'autorité pour obvier aux inconvénients présentés par l'accumulation de la vase; l'un d'eux, entre autres, devoit, à l'aide d'un canal, établir une communication facile avec Rouen, en faisant éviter les bancs de sables mouvants de Quillebœuf ou de Saint-Sauveur; mais ce projet, accueilli d'abord avec intérêt, fut traité bientôt avec indifférence, et finit par être tout-à-fait oublié. Peut-être auroit-il changé les destinées d'une ville dont le commerce a subi de si grandes altérations; peut-être auroit-il excité une heureuse émulation entre elle et le Havre-de-Grace, si le gouvernement avoit employé dans cette entreprise des capitaux qui pouvoient lui rapporter de si grands intérêts. Au surplus, en temps de paix, Honfleur est parfois assez fréquenté; on y voit même d'assez gros bâtiments qui viennent y déposer les produits de leurs courses lointaines à côté de petites embarcations consacrées uniquement soit au cabotage, soit à la pêche. Cette dernière occupation sur-tout, à laquelle sont employés des navires appelés houris, besquines, et picoteux, est une branche d'industrie si productive sur ces rivages, que les premiers rapportent souvent du nord de l'Angleterre des cargaisons de maquereaux estimées quinze à dix-huit mille francs. Aussi, sans compter les ressources que ce commerce procure à la ville, sans compter l'espèce d'aisance qu'il répand sur les

habitants de ces côtes, il amène à des résultats bien autrement précieux en for-
mant pour la marine royale une pépinière de matelots intrépides et expérimentés.

La planche en regard offre la vue de l'intérieur du port, au moment où les derniers rayons du soleil viennent expirer sur les eaux qui le baignent. En face, on
aperçoit une partie de la ville dominée par une tour ancienne, seul débris, avec
la porte de Caën, des fortifications qui la défendoient jadis. La population d'environ quinze mille ames au dix - septième siècle est à peine aujourd'hui de huit
mille individus, employés les uns à la fabrication de la dentelle, les autres à l'éla-
boration de quelques produits chimiques, tels que l'alun, l'acide sulfurique, le
sulfate de fer, etc., etc., travaux de peu d'importance, il est vrai, mais auxquels
la ville est en partie redevable du reste d'activité qui l'anime. Les étrangers,
attristés par le spectacle de la décadence d'un port dont les destinées devoient
être si belles, ne devroient pas y faire des visites fréquentes : cependant les campagnes qui l'environnent sont si délicieuses, la terre est si prodigue de richesses
sous le ciel de cette contrée, qu'elle est encore le rendez-vous habituel d'un
grand nombre de voyageurs.

HARFLEUR.

VUE DE L'INTÉRIEUR DE LA VILLE.

Du temps de César la Gaule Belgique comprenoit tous les pays situés entre le Rhin, la Marne, la Seine, et l'Océan. Les Caletes occupoient la contrée renfermée entre le cours inférieur de la Somme et de la Seine, et s'étendoient même à la gauche de ce dernier fleuve. Sans doute cette peuplade n'avoit pas négligé de former un établissement près de l'embouchure de la Seine, à l'extrémité d'une vallée par laquelle une petite rivière y débouche. La position étoit trop avantageuse pour ne pas donner l'idée d'y placer une réunion d'habitations.

Il est donc très vraisemblable que, dès la plus haute antiquité, il existoit une bourgade au confluent de la Lezarde et de la Seine; mais son nom ne nous seroit pas connu si l'Itinéraire d'Antonin ne nous l'avoit révélé; ce livre de poste de l'empire romain désigne par le nom de Carocotinum le terme d'une route qui rencontre le bord de la mer, comme le fait connoître la table Théodosienne; c'est par ce point qu'il commence la description d'une voie allant à Augustobona (Troyes), et il marque X, c'est-à-dire dix lieues gauloises pour la distance qui le sépare de Juliobona (Lillebonne), capitale des Caletes. Or l'éloignement entre cette dernière ville et Harfleur étant, quand on suit l'ancienne chaussée dont on voit encore des restes, exactement tel que l'indique l'Itinéraire, il est évident que Carocotinum se trouvoit où est Harfleur. Ce dernier nom a succédé au premier dans la nuit du moyen âge; dans les titres son orthographe varie beaucoup. Il est composé de har et de fleot, qui, en saxon, signifient flot salé; parcequ'à l'endroit où la Lezarde se jette dans la Seine, ou du moins, assez près de là, les eaux douces de cette rivière prennent l'amertume de celles de la mer.

La position d'Harfleur favorisa ses accroissements; et le commerce, qui fleurit par-tout où l'industrie lui offre des canaux et des débouchés, consolida et rendit plus durables ses moyens de prospérité. Une grande partie de celui de la France étoit alors entre les mains des étrangers. En 1309, les marchands de Portugal, de Majorque, et d'Aragon, obtinrent de grands priviléges pour le négoce qu'ils faisoient à Harfleur où leurs cargaisons étoient exemptes de tous droits d'entrée.

La guerre vint accabler Harfleur de calamités. On y avoit fait un armement considérable destiné à opérer une descente en Angleterre. Les ennemis, favorisés par des traîtres, s'emparèrent de la ville en 1346 et la saccagèrent. «Les «bourgeois, dit Froissard, la rendirent pour doubte de mort, mais ne demeura «mie que toute la ville ne fût robée, pris or et argent, et chers joyaux: car ils en «trouvèrent si grand foison, que garçons n'avoient cure de draps fourrés de vair.»

Harfleur répara ses pertes. Les marchands de Castille et de Lombardie partagèrent les priviléges des Portugais. Les marchandises étoient débarquées au port de Leure, éloigné d'une lieue et demie, sur des bateaux plats qui les apportoient à Harfleur, parceque sans doute les gros navires ne pouvoient remonter la Lezarde. Devenue l'entrepôt des richesses des étrangers, et de la navigation d'outre-mer et de la Seine, Harfleur joignit à ces avantages celui d'élever dans son sein des manufactures de draps qui acquirent une grande réputation. Le commerce du cuir, celui du sel ajoutoient beaucoup à ces produits de l'industrie. Il y avoit des salines près de cette ville; c'est par son port que se faisoit l'approvisionnement de Paris et de l'intérieur du nord de la France. Tant de causes de prospérité ne purent balancer l'influence des malheurs publics dont Harfleur et son commerce furent l'objet au commencement du quinzième siècle.

Après un siège de quarante jours, obligée, le 18 septembre 1415, d'ouvrir leurs portes, à Henri V, roi d'Angleterre, qui les attaquoit avec une armée formidable, les habitants d'Harfleur subirent un traitement indigne. Seize cents familles furent dépouillées de leurs propriétés et chassées de leur terre natale; une partie fut conduite à Calais: leurs chartes, franchises, et titres de propriété, furent brûlés sur la place publique. Un petit nombre d'habitants eut la permission d'y rester, à condition qu'ils ne pourroient acquérir une maison en propre, ni même en hériter. Vingt ans après, cent quatre de ces infortunés conspirent contre leurs oppresseurs, et, secondés par un corps de braves du pays de Caux, qui escaladèrent les murailles, ils taillèrent les Anglois en pièces et rendirent leur patrie à la France. Les enfants de ceux qui étoient morts à Calais revinrent dans les foyers paternels. C'est en mémoire de ce glorieux événement que depuis on sonna tous les matins, à la pointe du jour, heure de l'attaque, cent quatre coups de cloche pour en perpétuer le souvenir.

Les malheurs de la guerre n'étoient pas encore à leur terme. Cinq ans après, Harfleur éprouva toutes les rigueurs du premier siége, et fut bombardée à la manière du temps, ou plutôt écrasée de globes de pierres de vingt-huit et trente pouces de diamètres, qui étoient lancés par des mortiers; elle subit de nouveau le joug du vainqueur, et ne fut reprise que neuf ans après. Alors cette ville se releva insensiblement de ses infortunes; mais elle ne put recouvrer son ancienne splendeur; les bancs de sable et de vase que le courant de la Seine et le mouvement de la mer accumuloient devant l'embouchure de la Lezarde s'augmentèrent; cette rivière n'arrivoit plus à la Seine qu'après les avoir traversés pendant plus d'une demi-lieue. D'ailleurs les guerres de religion qui déchirèrent la France durant la dernière moitié du seizième siècle désolèrent Harfleur : elle ne fit que déchoir. Le Havre, dont la position étoit plus favorable pour le commerce, s'accrut de ses débris.

On apprend, par les mémoires du temps, que le port d'Harfleur fournit onze vaisseaux à la flotte de Philippe de Valois qui combattit si malheureusement les Anglois à l'Écluse, en Flandre, en 1340. Sans doute dès cette époque Leure étoit d'un abord plus facile qu'Harfleur, et les habitants de cette ville y faisoient une partie de leurs armements, puisque l'on voit que ce port envoya trente-deux vaisseaux à la même expédition. Parmi les diverses escadres qui sortirent d'Harfleur, on doit distinguer celle que Louis XI fit partir en 1470 sous les ordres du comte de Warwick pour soutenir la cause de Marguerite d'Anjou, femme de Henri VI; et celle que Charles VIII y arma en 1485 pour porter quatre mille hommes au secours de Henri VII, roi d'Angleterre, lorsqu'il alla disputer la couronne à Richard III. Aujourd'hui le port d'Harfleur n'est plus fréquenté que par des bateaux pêcheurs ou de petits navires qui viennent y charger des denrées.

HARFLEUR.

À l'est et à l'ouest d'Harfleur s'élèvent des coteaux d'où l'on jouit d'une perspective très belle. Lorsque le spectateur, placé à l'ouest, porte la vue à l'est et au sud, elle s'étend sur cette petite ville et sur la Seine, dont la largeur est de plus d'une lieue et demie, et que parcourent en tous sens des navires qui la remontent ou qui la descendent. À sa rive gauche se montrent les collines des départements du Calvados et de l'Eure. L'on a devant soi le coteau qui domine Harfleur à l'est et dont presque toute la surface est nue. Sur son sommet les arbres plantés en rangées serrées autour d'un enclos qui renferme la demeure d'un cultivateur interrompent, d'une manière agréable, la nudité du sol. Cette méthode d'entourer ainsi une enceinte qui contient l'habitation d'un propriétaire ou d'un fermier est d'un effet charmant sur un terrain uni, comme l'est en très grande partie celui du département de la Seine-Inférieure : il offre un immense plateau triangulaire coupé dans quelques endroits par des vallées où coulent des ruisseaux et de petites rivières allant se perdre soit dans la Seine soit dans la mer.

Le long du coteau de l'est descend l'ancienne chaussée romaine conduisant à Lillebonne, située dans une vallée bien boisée, et dont l'antique splendeur ne se retrace plus que dans des ruines ; on y voit encore des restes d'un amphithéâtre romain, de tours, et de murailles ; on y trouve souvent des médailles, des lacrimatoires, des urnes sépulcrales, et d'autres monuments des temps anciens ; enfin en 1823 on y a découvert une belle statue en bronze doré.

Harfleur ne peut offrir aux curieux des objets aussi intéressants ; à peine distingue-t-on autour de son enceinte quelques débris de ses anciennes fortifications. Du côté du nord les fossés qui subsistent encore sont remplis d'arbres qui ajoutent à l'effet pittoresque de cette petite ville. De quelque côté qu'on la considère, le clocher de son église est la première chose qui frappe les yeux. Il est d'une structure élégante et hardie, et entièrement bâti en pierre ; l'architecture de cette église, qui attire les regards des curieux, est du style normand.

HARFLEUR.

Un des bâtiments d'Harfleur qui se présentent le plus avantageusement, quand on est sur les coteaux de l'ouest, est la raffinerie de sucre appartenant à M. Duval, négociant du Havre. Elle aboutit sur la grande route de Paris, qui est bordée de jolies maisons en briques, et que des arbres touffus cachent aux regards du spectateur.

Harfleur compte à peine mille habitants. Elle est favorablement située pour que l'industrie y prenne de l'essor. C'est ce qui ne peut manquer d'arriver aujourd'hui que la paix répand ses bienfaits sur ces contrées trop long-temps privées de l'activité pendant la guerre. En 1823 on y a établi une fabrique de tulle.

La Lezarde, qui traverse cette ville, offre des facilités pour l'établissement de différentes usines. Cette petite rivière prend sa source à Saint-Martin-du-Bec, village situé au nord-ouest, à une lieue et demie de la mer; elle passe à Montivilliers où elle offre des chutes assez considérables, reçoit ensuite, à droite, le ruisseau de Rouelle, et à gauche, au-dessous du beau château de Colmoulin, le ruisseau de Gournay, et verse ses eaux dans la Seine, après un cours de trois lieues. Entre Montivilliers et Harfleur elle arrose une vallée spacieuse, et traverse des prairies fertiles bordées de saules et d'ormeaux.

LE HAVRE.

Ce n'est pas dans la nuit des temps qu'il faut chercher l'origine du Havre. Parmi les villes qui ont aujourd'hui une certaine importance, il en est peu qui soient aussi modernes.

Les attérissements que la Seine formoit à son embouchure s'étant successivement étendus au sud des coteaux dont auparavant elle baignoit le prolongement de la pente qui s'étend à leur pied, il en résulta sur la rive droite de ce fleuve une plaine parfaitement unie dont la longueur de l'est à l'ouest depuis l'embouchure de la Lézarde au-dessous d'Harfleur jusqu'à la mer étoit de deux lieues, sur une demi-lieue de largeur. Vers la fin du quinzième siècle, ce terrain n'avoit pas encore acquis une grande consistance ; il étoit entrecoupé en différents endroits de fossés que le flux emplissoit : on les nommoit des criques ; une partie de l'eau s'écouloit vers la mer à la marée descendante, l'autre restoit croupissante dans ces cavités. Les galets que les vagues roulent sans cesse sur cette côte composèrent une digue naturelle qui mit graduellement ce sol à couvert des envahissements de l'océan.

Parmi les criques qui entrecoupoient la plaine, on en remarquoit une plus grande que les autres ; c'étoit la plus voisine de la mer : elle étoit large et profonde ; un banc de sable la bornoit de ce côté, il s'exhaussoit tous les jours. Ce bras de mer appelé la *crique de Percanville* portoit aussi le nom de *fosse de Leure* à cause de ce village près duquel il avoit une de ses entrées ; car il se partageoit en plusieurs branches. Les pêcheurs de Harfleur, de Leure, et des villages situés sur la pente du coteau au nord de la Seine, élevèrent dans le quinzième siècle de méchantes cabanes sur les bords de cette crique, parcequ'elle leur procuroit la facilité de s'y retirer avec leurs barques au retour de la pêche. Une petite chapelle fut élevée sur le banc de sable ; voilà l'origine du Havre. La crique étoit si commode pour la navigation que dès 1470 des flottes de vaisseaux de guerre parties d'Harfleur y mouilloient en attendant un vent favorable pour appareiller.

LE HAVRE.

Cependant le hameau fondé par les pêcheurs prenoit de l'accroissement; des maisons furent substituées aux cabanes; la crique reçut le nom de Havre, parcequ'en effet elle en offroit un très bon aux navigateurs, et cette dénomination devint celle du lieu habité par les pêcheurs. L'on y ajouta l'épithète *de grace* d'après la chapelle de la Vierge qui, de même que celle de Honfleur située sur la rive opposée de la Seine, portoit le nom de Notre-Dame-de-Grace.

On rapporte à l'année 1516, seconde du règne de François Ier, la construction des premières maisons; des franchises et priviléges furent accordés aux habitants. Ce monarque, voulant opposer une barrière aux incursions des Anglois, qu'il pouvoit craindre, parcequ'il avoit pris les intérêts de Jacques V roi d'Écosse, résolut d'établir une place forte sur la côte de Normandie afin de mettre cette belle province en sûreté contre les invasions des insulaires, auxquels, quatre siècles auparavant, elle avoit donné un maître qui les avoit subjugués. En conséquence François Ier chargea l'amiral Bonnivet de visiter les côtes de Normandie pour choisir un lieu où l'on pût fonder un port qui remplaçât Harfleur dont la mer commençoit à s'éloigner, et qui, caché au fond d'une anse, n'étoit plus à portée de veiller par ses vaisseaux à la sécurité des peuples. Trois points fixèrent l'attention de Bonnivet: l'embouchure de la Touque sur la côte de la Basse-Normandie, Étretat près du cap d'Antifer, les marais du Havre à la droite de la Seine. Ce dernier endroit fut jugé le plus important pour la défense de l'entrée du fleuve, et le plus commode par l'avantage de la crique.

Ce fut sur ces motifs que François Ier donna sa charte du 1er août 1520. Cet acte dit que le roi, informé qu'au bailliage de Caux, au port de Grace, est le lieu le plus propre et le plus convenable à faire l'ouverture de Havre, Sa Majesté donne commission à l'amiral Bonnivet de choisir un point pour créer un port au lieu dit la Crique. Le sieur Duchillon, sur le rapport de l'amiral, fut chargé de dresser le plan de la première construction de la ville et du port.

Duchillon fut nommé gouverneur du Havre. La place fut partagée en trois grands quartiers, que l'on n'entoura d'abord que de retranchements en terre. On construisit la tour de l'entrée du port et l'ancien hôtel-de-ville qui en est peu éloigné. En 1531 la ville fut entourée de murs; elle s'étendoit vers l'est beaucoup plus qu'aujourd'hui. En 1546 on édifia une porte du côté d'Ingouville; l'enceinte fut réduite en 1551; la citadelle fut commencée en 1564, lorsque le Havre eut été repris sur les Anglois. Ceux-ci, profitant des troubles dont la religion étoit le prétexte, s'étoient emparés de cette ville en 1562, et avoient ouvert des fossés tout à l'entour pour rendre l'approche de la place plus difficile. Le maréchal de Brissac les attaqua au mois de juillet 1563, fit couper les aqueducs qui amenoient l'eau dans la place, et par les batteries qu'il dressa, empêcha les vaisseaux anglois de la secourir. La garnison forte de six mille hommes fut en peu de temps réduite à moitié; la tranchée fut ouverte de plusieurs côtés; on se disposoit à donner un assaut général: la place se rendit le 1ᵉʳ août.

A l'époque de l'avénement de Henri IV au trône de France, le Havre avoit pour gouverneur Villars, qui depuis défendit Rouen pour la ligue, de sorte que cette ville ne fit sa soumission à son souverain légitime qu'en 1594. Le neveu de Villars lui succéda et garda ce poste jusqu'en 1628; alors il fut donné au cardinal de Richelieu.

Dès 1627, ce grand ministre avoit établi au Havre une fonderie de canons. Il y fit bâtir une citadelle, l'ancienne étant restée imparfaite, et ne pouvant convenir; on construisit une porte nouvelle du côté d'Ingouville; les fortifications furent augmentées; le bassin pour les vaisseaux du roi creusé plus profondément.

Sous la minorité de Louis XIV, en 1650, les princes de Condé et de Conti, et le duc de Longueville, leur beau-frère, arrêtés par ordre du cardinal Mazarin, furent transférés du château de Marcoussy près de Paris à la citadelle du Havre; ils n'y restèrent que peu de temps.

En 1688 le maréchal de Vauban fit subir des modifications aux fortifications et à l'entrée du port du Havre; la guerre qui survint deux ans après empêcha l'achévement de ces travaux. Le 16 et le 28 juillet 1694 les Anglois bombardèrent la ville; il y eut sept maisons détruites et un assez grand nombre d'endommagées. Cet événement fit élever sur plusieurs points du rivage des batteries que l'on avoit négligé d'y placer.

Cela n'empêcha pas les Anglois de se présenter de nouveau le 2 juillet 1759 sur la rade du Havre. Ils jetèrent cinq bombes sur le rivage pour bien connoître la distance; et le 4, dès trois heures du matin, ils recommencèrent leur attaque; ils la continuèrent jusqu'au 7. On répondit à leur feu; ils s'éloignèrent. Ils avoient jeté plus de neuf cents bombes dont la plupart tombèrent à faux. Cependant plus de cent maisons furent endommagées.

La position de cette ville l'exposoit à voir ces attaques se renouveler. En effet, en 1798 et en 1804, elle fut bombardée de nouveau; à cette dernière époque une flotille étoit rassemblée dans le port; aucun projectile n'atteignit les bâtiments, et les dégâts ne furent pas considérables.

LE HAVRE.

Après la paix de 1783, on entreprit des travaux pour donner une plus grande extension à la ville du Havre et plus de développement au port. Plusieurs fois changés et arrêtés, ils ne sont pas encore terminés complétement en 1823. Les fortifications au nord de la ville furent abattues; elle fut agrandie de ce côté et à l'est. L'on démolit sa citadelle, dont on ne conserva qu'un des fronts; une nouvelle enceinte fut élevée; du côté du sud, la digue en pierre qui protégeoit le port fut élargie, et une seconde fut construite plus loin, de sorte qu'il reste entre elles une immense masse d'eau qui sert à nettoyer l'entrée du port par le moyen d'écluses placées à l'extrémité occidentale.

Tels sont les faits dont se compose l'histoire du Havre. On doit ajouter que plusieurs monarques, qui depuis sa fondation ont régné sur la France, François Ier, Henri II, Henri III, Henri IV, Louis XV, et Louis XVI, ont visité cette ville et y ont recueilli les témoignages les plus touchants de l'amour et de la fidélité de ses habitants. Au mois d'octobre 1817, le digne rejeton du premier des Bourbons, S. A. R. Monseigneur le duc d'Angoulême vint au Havre, où sa présence ravit de joie une population heureuse de posséder dans ses murs le prince fils adoptif du monarque auquel la France doit la charte constitutionnelle.

L'historien ne doit pas non plus oublier de dire que l'homme extraordinaire qui, pendant quatorze ans, sut distraire les François de l'idée de la liberté dont il les privoit en fascinant leur esprit du prestige de la gloire militaire, est venu deux fois au Havre; la première, au mois de décembre 1802. Il y produisit un vif enthousiasme; il avoit conclu une paix glorieuse dont on espéroit goûter les fruits pendant long-temps. Il y reparut au mois de mai 1810; il n'y trouva pas cette activité qui l'avoit frappé auparavant. Le port ne contenoit plus que des navires désarmés et quelques petits bâtiments de l'état. Les Anglois se montroient chaque jour sur la rade, mettant ainsi à exécution le blocus dont ils avoient frappé le port. L'affluence des curieux pour contempler l'homme dont les armées avoient vaincu toutes les puissances de l'Europe continentale fut incroyable. Cette foule sembloit lui demander le bien dont elle avoit besoin : la paix.

C'est en effet le premier élément de la prospérité du Havre. Si la tranquillité des mers est troublée, si les navires marchands ne peuvent point parcourir l'océan avec sécurité, l'existence de cette ville en souffre; elle perd tous les avantages de sa position du moment où le commerce maritime est entravé.

François Ier en fondant le Havre eut en vue non seulement d'y avoir un arsenal de marine, mais aussi d'en faire un entrepôt de commerce pour Paris et l'intérieur de la France; il rendit plusieurs édits pour exciter l'émulation et animer les habitants à entreprendre des voyages lointains. Tout étoit encore trop nouveau pour que les bonnes intentions de ce prince pussent produire un résultat aussi prompt qu'il le desiroit. Quelques armements eurent lieu dans le principe; ils furent peu considérables jusqu'à ceux de Lelièvre, d'Honfleur, en 1616, et de Beaulieu en 1619, qui conduisirent chacun aux Indes orientales une escadre de trois gros vaisseaux dont une partie revint en France richement chargée. Divers négociants se livrèrent aussi à ce commerce tant qu'il fut libre. D'autres expédioient au Canada, et à la pêche de la morue à Terre-Neuve. Les compagnies des Indes, qui furent établies dans le courant du seizième siècle, firent partir plusieurs bâtiments du Havre, qu'elles quittèrent ensuite pour Port-Louis et Lorient. D'autres compagnies privilégiées, telles que celles d'Afrique et du Sénégal, eurent aussi le siége de leurs affaires au Havre.

Dès 1555 des navires de commerce étoient partis de ce port pour l'Amérique équinoxiale; les premières expéditions n'eurent pas de suite; elles ne furent reprises que vers la fin du dix-septième siècle, lorsque les colonies françoises dans les Antilles eurent commencé à acquérir une certaine consistance. Ce fut surtout au commencement du siècle suivant, notamment après la paix d'Utrecht, que ce commerce prit une grande extension. Il contribua principalement à rendre le Havre florissant. L'avantage de la proximité de Paris et de la position de cette ville à peu de distance du Pas-de-Calais a toujours procuré un débouché facile aux denrées coloniales. Les événements de la fin du dix-huitième siècle ont changé la nature de ce commerce; il est moins étendu qu'autrefois, et néanmoins d'une grande importance.

Beaucoup de navires des États-Unis d'Amérique abordent au Havre; il y en vient aussi des différents pays maritimes de l'Europe et de tous les ports de France; enfin les communications par eau et par terre avec Paris et Rouen sont faciles et fréquentes. Il en résulte un mouvement et une activité, signes et garants de la prospérité générale.

Le Havre est situé par 49°, 29', 14", de latitude nord, et 2°, 13', 37", de longitude à l'ouest de Paris. Il est à cinquante-deux lieues au nord-nord-ouest de cette capitale et à vingt et une lieues à l'ouest de Rouen.

François 1er, pour honorer la ville qu'il avoit fondée, voulut qu'elle portât son nom, et qu'on l'appelât la Ville-Françoise, ou François-Ville. L'usage l'a emporté sur la reconnoissance; l'ancien nom a prévalu : seulement dans les actes publics on a conservé long-temps la dénomination de Ville-Françoise-du-Havre-de-Grace, et en latin on désigne le Havre par le mot de *Franciscopolis*.

La circonférence de l'ancienne enceinte de la ville en-dedans des murs étoit de treize mille toises, en y comprenant la citadelle, de deux mille deux cents. La nouvelle enceinte est en-dedans des murs de cinq mille six cents toises, et en-dehors de six mille neuf cents. La superficie de l'ancienne ville étoit de soixante-dix mille toises carrées; la nouvelle en contient cent cinq mille.

Depuis la réduction de l'ancienne enceinte de la ville, en 1551, la ville ne comprenoit plus que deux quartiers : Notre-Dame à l'ouest, et Saint-François à l'est; le nouveau quartier est au nord des deux autres; de nouvelles portions ont aussi été ajoutées à l'est et au sud.

On compte trente-quatre rues dans le quartier Notre-Dame, vingt et une dans le quartier Saint-François, vingt-neuf dans la nouvelle enceinte, seize cent vingt maisons dans l'ancienne ville, et, à la fin de l'année 1823, il n'y en avoit encore que trois cent huit dans la nouvelle.

D'après le dénombrement qui a eu lieu au mois de mai 1823, la population du Havre est de 21,050 habitants fixe; il faut en ajouter 5,000 de plus pour les étrangers qui n'y font qu'un séjour passager. Ce dernier nombre est sujet à de grandes variations.

Situé à l'extrémité d'une plaine marécageuse, sur le bord de la mer, et à l'embouchure d'un fleuve, le Havre a un climat humide. Les vents du sud-ouest, de l'ouest, et du nord-ouest, y sont ordinairement les plus fréquents. Ils y soufflent, année moyenne, pendant cent quatre-vingt-quinze jours, et, en y joignant les vents du sud, pendant deux cent cinquante. Le vent du nord-ouest est le plus impétueux; les vents d'ouest et de sud-ouest, qui viennent de la mer, apportent la pluie. Le vent d'est est le plus commun de ceux qui soufflent du côté de la terre: on a quelquefois compté, dans une année, plus de jours de vent d'est que de sud-ouest; ces exemples sont rares : il est ainsi que le nord et le nord-est généralement très sec. Ces vents et le sud-est se font sentir, année commune, à-peu-près pendant cent quatre-vingts jours. Les navires partent avec les vents de nord et d'est; le vent de nord fait arriver ceux qui viennent de ce côté; le vent d'est amène ceux qui descendent la Seine; les vents de sud et d'ouest, ceux qui sont de ce côté de la Manche, ou qui sont entrés dans ce bras de mer, après avoir traversé l'océan Atlantique.

LE HAVRE.

On peut compter, année moyenne, cent quatre-vingts jours de pluie; on a des exemples d'années où elle n'a tombé que pendant cent soixante-cinq jours, et d'autres pendant cent quatre-vingt-seize. D'ailleurs le climat n'y est pas malsain, et les maladies épidémiques n'y sont pas connues.

Le Havre a la plupart de ses rues bien alignées; les édifices publics y sont plus remarquables par la propreté que par la richesse de la construction. On ne peut citer que les deux églises de Notre-Dame et de Saint-François, le prétoire où siége le tribunal de première instance, et qui renferme une bibliothèque assez considérable; l'hôtel-de-ville et la salle de comédie dont la première pierre a été posée par S. A. R. Monseigneur le duc d'Angoulême. L'ancien hôtel-de-ville qui renferme les tribunaux de paix et de commerce, ainsi que les bureaux de la sous-préfecture, est construit en charpente recouverte en ardoise sur toute la surface. C'est ainsi que furent, dans les premiers temps, bâties les principales maisons de la ville; les autres offroient la charpente toute nue. L'on a ensuite employé la brique, et quelquefois la pierre de taille. Le peu de solidité du terrain oblige souvent à asseoir le bâtiment sur pilotis. Les maisons n'ont pas de caves profondes; quelquefois les celliers sont inondés par le suintement de l'eau de la mer dans les grandes marées; on l'a même vue refluer par l'ouverture des égouts et se répandre dans les rues.

Quoique le Havre n'ait que trois cents ans d'existence, il a donné naissance à plusieurs personnages célèbres : nommons-les d'après l'ordre chronologique.

George Scudéri n'est plus guère connu aujourd'hui que par le ridicule ineffaçable dont Boileau l'a couvert pour son mauvais poëme d'Alaric, et seize pièces de théâtre qui ne valent pas mieux. On a aussi de lui des poésies diverses, des discours politiques, des harangues, des traductions, etc. : tout cela est aujourd'hui inconnu. Qui le croiroit? il balança quelque temps la réputation de Corneille.

Madeleine Scudéri, sœur de George, est plus connue par quelques vers agréables, qui restent d'elle, que par ses énormes romans de Clélie et de Cyrus, qui parurent sous le nom de son frère; elle en composa encore d'autres aussi volumineux, et auxquels elle mit son nom. Louis XIV lui accorda une pension et l'accueillit avec distinction : elle correspondoit avec Christine, reine de Suéde. Ce fut elle qui remporta la première le prix d'éloquence fondé par l'académie françoise en 1670. Boileau appeloit ses romans une boutique de verbiage. Le jargon de ces ouvrages offre des expressions qui, justement critiquées par Molière, sont, pour ainsi dire, revenues à la mode.

LE HAVRE.

Marie-Madeleine de la Vergne, comtesse de La Fayette, composa la Princesse
de Clèves, Zaïde, et d'autres romans. Les premiers où, suivant l'expression de
Voltaire, l'on vit les mœurs des honnêtes gens et des aventures naturelles décrites
avec grace.

Jean-Baptiste-Nicolas-Denis d'Après de Mannevillette, capitaine de vaisseau
de la compagnie des Indes, fut un navigateur distingué et un des plus habiles
hydrographes de France. Son Neptune oriental avec les instructions qui l'accompagnent est le premier grand ouvrage de ce genre, le plus complet, et le plus par-
fait qui ait paru. D'Après employa le premier la méthode des distances du soleil
à la lune pour calculer les longitudes.

Jacques-François Dicquemarre, prêtre, professeur de physique et d'histoire
naturelle, s'est distingué par son zèle infatigable pour observer les animaux marins. Le résultat de ses recherches est consigné dans des recueils anglois et françois; les événements ont empêché la publication de son ouvrage qui avoit été
ordonnée par le gouvernement. La géographie, l'astronomie, et l'art nautique,
furent aussi l'objet de ses études.

Jacques-Bernardin-Henri de Saint-Pierre a écrit les Études de la Nature, Paul
et Virginie, la Chaumière indienne, et d'autres ouvrages dans lesquels on admire
la pureté et l'élégance du style, la peinture fidèle de la nature, et l'expression
touchante d'une morale douce et bienfaisante. Dans son fragment intitulé l'Ar-
cadie, il a décrit avec complaisance les environs de la ville où il avoit vu le jour.

On pourroit ajouter d'autres noms à ceux que nous venons de citer; entre
autres Dubocage qui, expédié pour un voyage de commerce aux côtes du Chili
en 1709, fit le tour du monde et ne revint qu'après neuf ans d'absence. On doit
à son fils des mémoires sur le port, la navigation, et le commerce du Havre.

Cette ville peut se glorifier, en ce moment, d'être la patrie de deux jeunes
poëtes dont les succès sur la scène prouvent que Melpomène a favorablement
accueilli leur hommage lorsqu'ils se sont dévoués à son culte.

LE HAVRE.

ENTRÉE DU BASSIN DE LA BARRE.

C'est à gauche de l'entrée de ce bassin que furent bâties les premières maisons du Havre. La ville, dans les commencements, s'étendoit beaucoup vers l'est à partir de ce point; on appeloit cette partie le quartier des Barres, parceque le terrain en étoit coupé par quantité de criques et de cavités profondes que la mer remplissoit quand elle étoit haute. On avoit pratiqué sur toutes ces criques des ponts pour les traverser. Ce nom de Barre désigne dans le pays un canal entre deux terres, où, si l'on veut, l'on peut retenir l'eau pour la lâcher ensuite de marée basse, afin de nettoyer l'espace qui est en avant et que la mer a abandonné.

Lorsque l'on diminua l'enceinte de la ville en 1551, on ne conserva du quartier des Barres que la partie qui forme aujourd'hui le quartier Saint-François, et qui étoit à l'ouest de la grande Barre. Depuis on édifia la citadelle à l'est; le mur qui séparoit la Barre de l'avant-port donnoit passage à des écluses.

Les fondations du bassin actuel furent jetées en 1793; la plate-forme fut finie en 1801. Les murs qui la soutiennent offrent à droite une plaque de cuivre apprenant que ce travail a été achevé sous le ministère de M. Forfait; il avoit précédemment été ingénieur constructeur de la marine, et avoit fait preuve d'un grand talent.

Le bassin de la Barre n'a été fini qu'en 1820; les ouvrages ont été dirigés successivement par MM. de Sganzin, Gayant, La Peyre, et Haudry. Sa longueur est de deux cent trente toises, sa largeur de cinquante jusqu'aux deux tiers de son étendue vers le nord; là, il s'écarte des deux côtés, et au lieu d'un parallélogramme, il prend la forme d'un quadrilatère, et sa largeur y est de plus de cent toises. Sa surface est de dix mille cinq cent trente toises carrées. Il peut contenir cent quatre-vingt-seize navires de quatre-vingt-dix pieds de long sur vingt-cinq pieds de large.

Ce bassin communique à gauche, vers son extrémité occidentale, avec le bassin du commerce ; à droite, vers l'orient, on doit y faire entrer le canal d'Harfleur.

On aperçoit au fond de la perspective la Porte-Royale, et au-delà, le coteau qui règne au nord de la plaine basse dont le Havre est environné. Ce coteau, dont le sommet est couronné de bois verdoyants, et dont la pente est couverte de plantations, de jardins, et de jolies maisons de campagne, borne agréablement la vue de ce côté.

Sur le quai occidental du bassin de la Barre est situé le magasin dans lequel la douane tient les marchandises que les négociants gardent en entrepôt.

Deux écluses considérables placées de chaque côté des portes du bassin de la Barre donnent passage, quand on les ouvre, à deux immenses volumes d'eau qui, sortant avec impétuosité, enlèvent les vases de l'avant-port.

A droite, en-dehors de cette entrée, on a élevé, parallèlement au quai, un grillage en madriers sur lequel les navires posent lorsque la mer baisse, afin qu'on puisse les visiter et leur faire les radoubs dont ils ont besoin, quand cette opération n'exige pas qu'ils soient couchés sur le côté, et qu'elle n'a pour but que de réparer de légers dommages.

Le bassin de la Barre est une station très commode pour les navires prêts à partir, parceque, se trouvant à-peu-près en ligne directe avec l'entrée du port, ils y arrivent plus promptement.

LE HAVRE.

VIEUX BASSIN.

Lorsque la ville du Havre fut fondée, l'on profita d'une des criques par les-quelles les eaux de l'intérieur s'écouloient vers l'embouchure de la Seine pour en faire le port : il fut appelé le bassin. La rue qui borde le bassin à l'est porte encore le nom de rue de la crique.

Dès l'origine ce bassin et les autres parties du port furent bordés de quais; ces quais étoient alors si bas, qu'à toutes les grandes marées la ville étoit tellement inondée, que l'on étoit obligé de se faire porter en bateau dans les rues. Quoique le sol de la ville et les quais aient depuis été assez élevés pour n'être plus sujets à ces inondations, cependant le quartier Saint-François n'en est pas tout-à-fait exempt dans les pleines mers des équinoxes, lorsque celles-ci concourent avec des vents un peu forcés de la partie de l'ouest.

Henri II et Charles IX augmentèrent les travaux commencés par François Ier pour le port du Havre; Marie de Médicis en fit faire de nouveaux sous la minorité de Louis XIII; le cardinal de Richelieu les continua. Il étoit gouverneur du Ha-vre. Ce fut par son ordre et par ses soins que l'on donna une meilleure forme au bassin; il fit construire plusieurs gros vaisseaux dont quelques uns furent desti-nés au siège de La Rochelle.

En 1666, sous le ministère de Colbert, le bassin fut agrandi et achevé; des plate-formes solides furent construites à son extrémité méridionale, par laquelle il communique avec l'avant-port; elles soutinrent deux portes énormes qui se fermoient lorsque la mer baissoit, de sorte que les vaisseaux étoient toujours à flot dans le bassin. Des vannes pratiquées dans la partie inférieure des portes permettoient de laisser écouler l'eau quand on vouloit débarrasser la partie de l'avant-port, voisine du bassin, de la vase qui obstruoit le chenal. Ces portes ont été renouvelées plusieurs fois. Elles ont 20 pieds de haut, et sont d'une épaisseur convenable pour supporter l'immense volume d'eau qui pèse sur leur surface.

Le bassin fut nommé bassin du Roi, et achevé en 1669. On établit à sa partie septentrionale un chantier de construction auprès duquel fut construit le magasin général de la marine qui porte le nom d'arsenal : cet édifice a été réparé en 1780 ; sa façade est d'un effet agréable.

En 1681 le bassin du Roi fut fermé de murs, au grand préjudice des maisons voisines qui devinrent presque désertes, disent les historiens du Havre ; la population de la ville ayant ensuite beaucoup augmenté, ces maisons se repeuplèrent. Récemment l'inconvénient dont se plaiguoient les habitants a disparu. La partie occidentale du mur fut abattue en 1820, la partie orientale en 1821 ; et les rues, qui se terminoient auparavant par des impasses fort sales, aboutissent aujourd'hui au quai.

Pendant long-temps ce bassin fut le seul dans lequel les navires pussent être constamment à flot. Lorsque le commerce du Havre eut pris une grande extension, ce bassin ne fut plus suffisant. Sa longueur est de 75 toises ; sa largeur varie de 23 toises à 54 ; sa surface est de 2369 toises. Il ne peut contenir que trente-huit bâtiments de 90 pieds de longueur sur 25 pieds de largeur. On a construit sur ses chantiers, exclusivement réservés au gouvernement, plusieurs sortes de bâtiments et même des frégates ; les dimensions de son entrée ne permettoient pas d'y faire passer des vaisseaux de ligne.

La largeur de l'ouverture de ce bassin du côté de l'avant-port entre les deux plate-formes est de 40 pieds. Une échelle peinte sur une planche attachée à la paroi de la plate forme orientale indique la hauteur à laquelle l'eau s'élève à chaque marée : voici le résultat des observations journalières.

Pleines mers des équinoxes	17 pieds.
Des solstices	15.
Entre les équinoxes et les solstices	14.
Morte eau des équinoxes	10 pieds et demi.
Du solstice d'été	14 pieds et demi.
Entre les équinoxes et les solstices	15.

Il faut observer que ces nombres varient d'après les vents qui règnent : on a vu par les vents d'ouest la mer monter à 22 pieds.

LE HAVRE.

PORT D'ENTRÉE OU AVANT-PORT.

Cette portion du port du Havre aboutit immédiatement à la mer, et n'étant point fermée par des portes, elle sèche lorsque la marée baisse; les navires qui ont les fonds plats n'y courent pas de danger, parceque, lorsqu'ils cessent de flotter, ils reposent sur une vase molle.

A gauche on voit l'ancienne jetée du sud-est, devenue un des murs d'enceinte de la grande retenue d'eau destinée à nettoyer l'entrée du port que l'on aperçoit en face; sur cette jetée s'élèvent les maisons du service des ponts-et-chaussées. A droite on découvre successivement, en partant de l'ouverture du port, le mât du pavillon qui indique aux navires en rade le moment convenable pour entrer; la tour, et enfin la douane bâtie au coin du quai de l'avant-port et de son embranchement qui conduit à l'ancien bassin. Les navires sont rangés le long du quai quelquefois sur plusieurs rangs; les moins gros, ordinairement chargés de bois et de denrées, venant des petits ports situés sur la Manche et sur la Seine, se placent le plus près de l'esplanade en avant de la tour.

Il est peu de coups d'œil plus animés que celui de cet avant-port, depuis le moment où la marée montante permet aux petits navires de flotter, jusqu'à celui où, en baissant, elle les force de rester en place. Les uns entrent, les autres sortent; on les voit se croiser à l'ouverture du port; l'œil les suit au-delà, soit qu'ils se dirigent vers l'océan, soit qu'ils remontent la Seine. Plus tard vient le tour des grands bâtiments qui appareillent souvent en grand nombre à la suite les uns des autres, ou bien qui arrivent à la file. C'est un mouvement, un bruit, une agitation, qui font plaisir, car tout se passe sans confusion et sans tumulte. Les quais sont garnis soit de matelots et de journaliers qui hâlent les navires pour les aider dans leur marche, et qui par leurs cris s'encouragent au travail; soit de personnes qui accompagnent de leurs vœux les navires et les hommes qui partent, ou qui félicitent ceux qui sont de retour; soit de curieux que la nouveauté ou l'intérêt de ce spectacle attirent.

De mer basse l'aspect est moins vivant; les navires sont en repos, couchés sur le côté ou appuyés debout sur la vase; il ne reste plus, dans l'endroit le plus profond, qu'un maigre filet d'eau qui marque le chenal. Pour empêcher la trop grande accumulation des vases, on lâche de temps en temps les écluses des bassins qui communiquent avec l'avant-port, et l'action du courant emporte toutes les immondices à la mer.

Si l'activité disparoît du port quand la mer s'est retirée, elle n'en continue pas moins sur les quais qui l'entourent; les opérations que nécessitent le chargement ou le déchargement des marchandises, leur transport à bord des navires, dans les magasins des négociants, ou à la douane, ne discontinuent pas : elles ne cessent que lorsque la nuit invite à se livrer au repos.

Le bâtiment de la douane a été construit en 1754; il a des issues sur une rue et sur le quai, ce qui facilite beaucoup les expéditions. L'on n'y amène pas toutes les marchandises qui arrivent; une partie est placée sous des tentes que l'on élève temporairement sur les quais vis-à-vis des navires; les employés de la douane et les commis des négociants s'asseyent dans des loges mobiles, et l'on pèse devant eux les barriques, les balles, les ballots, les caisses, les madriers, qui sont ensuite transportés dans les magasins du négociant ou de l'entrepôt de la douane.

La longueur de l'avant-port, depuis la tour jusqu'aux portes du bassin de la Barre, est de trois cents toises; sa largeur, de soixante-trois; sa surface, de vingt mille toises carrées.

LE HAVRE.

ENTRÉE DU PORT VUE DE LA JETÉE.

Dès l'année 1530 on avoit élevé à l'entrée du port du côté du nord-ouest un commencement de môle ou de jetée pour mettre la passe à l'abri des vagues, et l'on y avoit ajouté quelques petites fortifications. Cette jetée en pierre n'alloit que jusqu'à l'enfoncement que l'on aperçoit en avant de la tour ; elle fut ensuite prolongée en bois et remplie en dedans de galets, et s'étendit beaucoup plus loin qu'aujourd'hui. Au mois de décembre 1705 un furieux coup de vent de nord-ouest enleva la moitié de cette digue avec la batterie qui étoit dessus, le galet tomba dans l'entrée du port et la combla. Alors on continua l'ouvrage en pierre et on l'avança de quarante toises. Un second ouragan accumula le galet contre la jetée et interrompit le travail ; il fut repris en 1710 et achevé l'année suivante tel qu'on le voit aujourd'hui.

La jetée de l'autre côté du port est nommée jetée du sud-est : elle n'alloit d'abord qu'à-peu-près jusqu'au point où l'on voit actuellement la maison de l'ingénieur des ponts-et-chaussées : comme elle ne couvroit pas assez l'ouverture du port, elle fut allongée de trente toises en 1704. A l'époque des travaux entrepris pour l'agrandissement de la ville, on commença une grande muraille qui, d'un point rapproché de l'extrémité occidentale de cette jetée, se prolonge en ligne droite à l'est, puis forme un angle pour aller rejoindre le rempart extérieur de l'ancienne citadelle. On avoit d'abord projeté de fonder la nouvelle ville dans l'espace compris entre ces murs ; ce plan fut abandonné. Tout cet intervalle est rempli d'eau qui, au moyen d'une écluse de chasse dont on voit les portes, sert à nettoyer l'entrée du port du galet que la mer y apporte.

Pour faciliter l'enlévement de ces cailloux on a creusé sous la jetée du nord-ouest, vers son extrémité, une route à laquelle les charrettes arrivent par une

rampe, et qui leur procure le moyen de descendre jusqu'au bord de la mer quand elle est basse.

Comme les lames sont très fortes entre les deux jetées à la marée montante, lorsque les vents soufflent du large, les gros navires qui sont en rade doivent y attendre que le mouvement du jusant ou reflux ait commencé, parcequ'il rend la mer moins houleuse et que la force du courant y devient moins à craindre, sans que l'eau ait baissé. Le port du Havre a un avantage particulier sur les autres ports de marée, c'est que la mer y garde son plein pendant trois heures, au lieu qu'ailleurs, dès qu'elle est parvenue à sa plus grande élévation, elle diminue aussitôt : cette propriété donne une extrême facilité pour l'entrée et la sortie des bâtiments.

Lorsque le moment où ceux qui sont mouillés sur la rade peuvent se présenter à l'ouverture du port est arrivé, ils en sont avertis par un pavillon que l'on hisse à un mât placé au-dessus de la route creusée sous la jetée du nord-ouest.

En 1791 on éleva sur ce môle, à-peu-près à soixante pieds de son extrémité, qui est garnie d'un parapet, un petit phare en granit et en brique; la lanterne est à douze pieds au-dessus du terrain et à vingt et un pieds et demi au-dessus du niveau de la mer haute : ce phare est à feu fixe et allumé toute la nuit. Il sert de point de reconnoissance aux navires qui viennent de la haute mer, et de guide aux caboteurs pour l'entrée du port du Havre et celle de la Seine.

LE HAVRE.

VUE PRISE DE LA HAUTEUR DES PHARES.

Le département de la Seine-Inférieure est borné du côté de la Manche par un rivage escarpé dont la hauteur au-dessus du niveau de la mer est ordinairement de cinquante toises. Cette falaise offre un mur inaccessible percé à différents intervalles par des vallées qui viennent aboutir au bord de la mer, et à l'entrée desquelles sont des ports plus ou moins considérables.

C'est du haut de la partie de la falaise la plus proche du Havre que le spectateur, tourné vers cette ville, jouit d'une de ces perspectives dont la magnificence et le charme ne peuvent se décrire. On doit se borner à indiquer les objets qui se présentent à la vue.

L'espace de mer compris entre la falaise et la ville est la petite rade; elle n'est éloignée du rivage que d'une demi-portée de canon. Plus loin, à droite, à deux lieues au large, est la grande rade. Les navires de moyenne grandeur peuvent mouiller à deux encâblures de terre. Ces deux rades ont le défaut des rades foraines ou non fermées par des terres; dans les coups de vent du sud-ouest au nord-ouest et dans les grains les navires qui sont à l'ancre y souffrent beaucoup, mais la tenue du fond est excellente, et à moins d'une très rude tempête, ils y sont en sûreté avec de bons câbles.

On voit un navire à trois mâts qui, toutes voiles dehors, est prêt à entrer dans le port. On distingue la jetée qu'il va laisser à gauche, le petit phare placé vers l'extrémité de cette jetée, et qui, pendant la nuit, lui en indique la position; un peu plus loin, le mât de pavillon, qui sert à faire connoître aux bâtiments le moment où ils peuvent donner dans la passe.

Au-delà de la ville on voit les eaux de la Seine se joindre à celles de l'Océan. La largeur de ce fleuve est d'une lieue et demie à son embouchure. A sa rive

gauche il est bordé par les riants coteaux du département du Calvados, qui sont couverts de champs, de pâturages, de bosquets, et de vergers, jusqu'à la plage. On distingue dans la Seine le bateau à vapeur qui fait deux fois par jour le trajet entre le Havre et Honfleur; une distance de trois lieues sépare ces deux villes; il la parcourt constamment en une heure, n'importe que le vent soit favorable ou contraire.

Sur la plage sont les chantiers de construction du commerce. Le Havre a toujours été renommé pour la solidité, la beauté de la coupe, et les proportions avantageuses de ses navires. Les bois viennent en partie des arrondissements voisins, et en plus grande quantité des départements arrosés par le cours supérieur de la Seine, de l'Yonne, et de la Marne. Ces bois, arrivés en flottant jusqu'à Rouen, y sont embarqués dans des bâtiments qui les apportent au Havre; là, ils sont chargés pour Cherbourg, Brest, et les autres ports de la marine royale sur l'Océan. Les mâtures, les planches, les bordages en sapin, viennent, ainsi que le goudron et le brai, des ports de la Baltique.

Indépendamment de la jetée, on aperçoit d'autres éperons s'avancer en mer. On les nomme des épis; ils sont en bois, et creux intérieurement; ils sont destinés à recevoir les galets que le mouvement de la mer pousse constamment vers l'embouchure de la Seine. Quand ils étoient pleins, on les vidoit: on les a laissés dépérir la plupart, l'accumulation progressive des galets a forcé de prolonger les épis qui restoient.

Près de la ville, le terrain du Peré est couvert de magasins de planches et de matières combustibles, de maisons des constructeurs de navires, et d'ateliers de corderie, plus loin s'élèvent de nombreuses tuileries et briqueteries qui sont presque toujours en activité; de mer basse on va avec des tombereaux chercher l'argile nécessaire à cette fabrication; on la tire de la partie de la plage située plus au large et plus bas que celle qui est remplie par les galets: à chaque marée, plusieurs pieds d'eau la recouvrent.

LE HAVRE.

ENTRÉE DU PORT VUE DE LA JETÉE.

Dès l'année 1530 on avoit élevé à l'entrée du port du côté du nord-ouest un commencement de môle ou de jetée pour mettre la passe à l'abri des vagues, et l'on y avoit ajouté quelques petites fortifications. Cette jetée en pierre n'alloit que jusqu'à l'enfoncement que l'on aperçoit en avant de la tour ; elle fut ensuite prolongée en bois et remplie en dedans de galets, et s'étendit beaucoup plus loin qu'aujourd'hui. Au mois de décembre 1705 un furieux coup de vent de nord-ouest enleva la moitié de cette digue avec la batterie qui étoit dessus, le galet tomba dans l'entrée du port et la combla. Alors on continua l'ouvrage en pierre et on l'avança de quarante toises. Un second ouragan accumula le galet contre la jetée et interrompit le travail ; il fut repris en 1710 et achevé l'année suivante tel qu'on le voit aujourd'hui.

La jetée de l'autre côté du port est nommée jetée du sud-est : elle n'alloit d'abord qu'à-peu-près jusqu'au point où l'on voit actuellement la maison de l'ingénieur des ponts-et-chaussées : comme elle ne couvroit pas assez l'ouverture du port, elle fut allongée de trente toises en 1704. A l'époque des travaux entrepris pour l'agrandissement de la ville, on commença une grande muraille qui, d'un point rapproché de l'extrémité occidentale de cette jetée, se prolonge en ligne droite à l'est, puis forme un angle pour aller rejoindre le rempart extérieur de l'ancienne citadelle. On avoit d'abord projeté de fonder la nouvelle ville dans l'espace compris entre ces murs ; ce plan fut abandonné. Tout cet intervalle est rempli d'eau qui, au moyen d'une écluse de chasse dont on voit les portes, sert à nettoyer l'entrée du port du galet que la mer y apporte.

Pour faciliter l'enlèvement de ces cailloux on a creusé sous la jetée du nord-ouest, vers son extrémité, une route à laquelle les charrettes arrivent par une

rampe, et qui leur procure le moyen de descendre jusqu'au bord de la mer quand elle est basse.

Comme les lames sont très fortes entre les deux jetées à la marée montante, lorsque les vents soufflent du large, les gros navires qui sont en rade doivent y attendre que le mouvement du jusant ou reflux ait commencé, parcequ'il rend la mer moins houleuse et que la force du courant y devient moins à craindre, sans que l'eau ait baissé. Le port du Havre a un avantage particulier sur les autres ports de marée, c'est que la mer y garde son plein pendant trois heures, au lieu qu'ailleurs, dès qu'elle est parvenue à sa plus grande élévation, elle diminue aussitôt : cette propriété donne une extrême facilité pour l'entrée et la sortie des bâtiments.

Lorsque le moment où ceux qui sont mouillés sur la rade peuvent se présenter à l'ouverture du port est arrivé, ils en sont avertis par un pavillon que l'on hisse à un mât placé au-dessus de la route creusée sous la jetée du nord-ouest.

En 1791 on éleva sur ce môle, à-peu-près à soixante pieds de son extrémité, qui est garnie d'un parapet, un petit phare en granit et en brique ; la lanterne est à douze pieds au-dessus du terrain et à vingt et un pieds et demi au-dessus du niveau de la mer haute : ce phare est à feu fixe et allumé toute la nuit. Il sert de point de reconnoissance aux navires qui viennent de la haute mer, et de guide aux caboteurs pour l'entrée du port du Havre et celle de la Seine.

LE HAVRE.

VUE PRISE DE LA HAUTEUR DES PHARES.

Le département de la Seine-Inférieure est borné du côté de la Manche par un rivage escarpé dont la hauteur au-dessus du niveau de la mer est ordinairement de cinquante toises. Cette falaise offre un mur inaccessible percé à différents intervalles par des vallées qui viennent aboutir au bord de la mer, et à l'entrée desquelles sont des ports plus ou moins considérables.

C'est du haut de la partie de la falaise la plus proche du Havre que le spectateur, tourné vers cette ville, jouit d'une de ces perspectives dont la magnificence et le charme ne peuvent se décrire. On doit se borner à indiquer les objets qui se présentent à la vue.

L'espace de mer compris entre la falaise et la ville est la petite rade; elle n'est éloignée du rivage que d'une demi-portée de canon. Plus loin, à droite, à deux lieues au large, est la grande rade. Les navires de moyenne grandeur peuvent mouiller à deux encâblures de terre. Ces deux rades ont le défaut des rades foraines ou non fermées par des terres; dans les coups de vent du sud-ouest au nord-ouest et dans les grains les navires qui sont à l'ancre y souffrent beaucoup, mais la tenue du fond est excellente, et à moins d'une très rude tempête, ils y sont en sûreté avec de bons câbles.

On voit un navire à trois mâts qui, toutes voiles dehors, est prêt à entrer dans le port. On distingue la jetée qu'il va laisser à gauche, le petit phare placé vers l'extrémité de cette jetée, et qui, pendant la nuit, lui en indique la position; un peu plus loin, le mât de pavillon, qui sert à faire connoître aux bâtiments le moment où ils peuvent donner dans la passe.

Au-delà de la ville on voit les eaux de la Seine se joindre à celles de l'Océan. La largeur de ce fleuve est d'une lieue et demie à son embouchure. A sa rive

LE HAVRE.

PORTE-ROYALE.

Le Havre a aujourd'hui cinq portes, qui sont, en partant du point le plus rapproché du bord de la mer, la porte du Peré, appelée ainsi d'après l'espace de terrain pierreux compris entre la ville et l'Océan ; la porte des Pincettes, qui tire sa dénomination d'une fontaine voisine ; la porte d'Ingouville, qui mène au bourg de ce nom, dont les maisons touchent les glacis de la place du Havre, et que traverse la route de Paris ; la Porte-Royale, située près du fond du bassin de la Barre, et la porte de l'ancienne citadelle. La seconde et la quatrième ont été construites récemment ; la première, la troisième, et la cinquième, existoient avant les agrandissements de la ville. Cependant la porte d'Ingouville n'est plus sur le même emplacement ; celle que l'on voyoit autrefois a été détruite ; la nouvelle est à deux cents toises plus au nord.

La Porte-Royale se distingue par sa structure élégante, elle fut élevée en 1792. On a le projet de faire une chaussée qui, partant de cette porte, rejoindra la route de Paris au hameau de Tourneville situé une demi-lieue plus loin. Le voyageur qui arriveroit par là seroit frappé, en entrant, du coup d'œil magnifique que lui offriroient le bassin de la Barre et le bassin du Commerce, remplis de navires.

A peu de distance, au sud de la Porte-Royale, les remparts de la ville sont traversés par le canal d'Harfleur qui a une issue dans le bassin de la Barre. Ce canal fut projeté par Vauban pour amener dans ce bassin une quantité d'eau telle que l'écluse en eût plus de force pour chasser le galet de l'entrée du port et les vases de l'avant-port. Ces ouvrages furent commencés, et ensuite on les négligea. En creusant le canal d'Harfleur, en 1664, on a trouvé, entre la ville de ce nom et le village de Graville, une quille de navire de quatre-vingts pieds de long.

LE HAVRE.

Tout le terrain du Havre et de la plaine basse qui lui est contiguë, étant le produit d'alluvions récentes, n'a pas offert de grandes difficultés pour y creuser les différents bassins. Au-dessous de la couche de terre végétale on a trouvé du galet, puis de l'argile bleuâtre, quelquefois on rencontroit des membrures d'embarcations souvent consumées de vétusté; on y a observé aussi des lits de tourbe fort minces, produits par les herbes qui couvroient cette portion du sol avant que le limon l'enterrât sous des dépôts nouveaux. L'argile qu'on a retirée de ces excavations a été employée à faire des briques pour la construction des édifices publics ou particuliers. Comme cette terre et toute celle de la partie basse des environs est entièrement imprégnée d'eau salée ou au moins saumâtre, les briques qui résultent de sa cuisson sont de couleur jaune, et la fumée qui s'exhale pendant l'opération répand une odeur très sensible d'acide muriatique.

Il entre dans les projets des nouveaux travaux du Havre de curer le canal d'Harfleur, dont une partie est remplie de roseaux et encombrée par les vases, de l'achever, et de le faire aboutir près de cette dernière ville dans la Seine; il faciliteroit beaucoup la navigation de ce fleuve. Les navires qui doivent le remonter pourroient en tout temps sortir du Havre, tandis qu'ils y sont retenus quelquefois plusieurs jours de suite par les vents contraires, ou, en temps de guerre, par la présence de l'ennemi sur la rade.

A peu de distance, au sud-est de la Porte-Royale, est le village de Leure, qui, dans le douzième siècle, avoit un petit port que les sables et les galets sont parvenus à combler; Leure avoit aussi des salines. Aujourd'hui le terrain de ce village est plus bas que celui des hautes mers; il est préservé d'une inondation entière par l'accumulation des galets le long du rivage; plusieurs ouvrages de l'art qui ont été destinés à couvrir la partie que les flots avoient endommagée sont exposés à de rudes assauts quand la mer est très grosse; alors elle passe par-dessus ces digues et couvre la campagne.

LE HAVRE.

ENTRÉE DU PORT VUE DE LA JETÉE.

Dès l'année 1530 on avoit élevé à l'entrée du port du côté du nord-ouest un commencement de môle ou de jetée pour mettre la passe à l'abri des vagues, et l'on y avoit ajouté quelques petites fortifications. Cette jetée en pierre n'alloit que jusqu'à l'enfoncement que l'on aperçoit en avant de la tour ; elle fut ensuite prolongée en bois et remplie en dedans de galets, et s'étendit beaucoup plus loin qu'aujourd'hui. Au mois de décembre 1705 un furieux coup de vent de nord-ouest enleva la moitié de cette digue avec la batterie qui étoit dessus, le galet tomba dans l'entrée du port et la combla. Alors on continua l'ouvrage en pierre et on l'avança de quarante toises. Un second ouragan accumula le galet contre la jetée et interrompit le travail ; il fut repris en 1710 et achevé l'année suivante tel qu'on le voit aujourd'hui.

La jetée de l'autre côté du port est nommée jetée du sud-est : elle n'alloit d'abord qu'à-peu-près jusqu'au point où l'on voit actuellement la maison de l'ingénieur des ponts-et-chaussées : comme elle ne couvroit pas assez l'ouverture du port, elle fut allongée de trente toises en 1704. A l'époque des travaux entrepris pour l'agrandissement de la ville, on commença une grande muraille qui, d'un point rapproché de l'extrémité occidentale de cette jetée, se prolonge en ligne droite à l'est, puis forme un angle pour aller rejoindre le rempart extérieur de l'ancienne citadelle. On avoit d'abord projeté de fonder la nouvelle ville dans l'espace compris entre ces murs ; ce plan fut abandonné. Tout cet intervalle est rempli d'eau qui, au moyen d'une écluse de chasse dont on voit les portes, sert à nettoyer l'entrée du port du galet que la mer y apporte.

Pour faciliter l'enlévement de ces cailloux on a creusé sous la jetée du nord-ouest, vers son extrémité, une route à laquelle les charrettes arrivent par une

rampe, et qui leur procure le moyen de descendre jusqu'au bord de la mer quand elle est basse.

Comme les lames sont très fortes entre les deux jetées à la marée montante, lorsque les vents soufflent du large, les gros navires qui sont en rade doivent y attendre que le mouvement du jusant ou reflux ait commencé, parcequ'il rend la mer moins houleuse et que la force du courant y devient moins à craindre, sans que l'eau ait baissé. Le port du Havre a un avantage particulier sur les autres ports de marée, c'est que la mer y garde son plein pendant trois heures, au lieu qu'ailleurs, dès qu'elle est parvenue à sa plus grande élévation, elle diminue aussitôt : cette propriété donne une extrême facilité pour l'entrée et la sortie des bâtiments.

Lorsque le moment où ceux qui sont mouillés sur la rade peuvent se présenter à l'ouverture du port est arrivé, ils en sont avertis par un pavillon que l'on hisse à un mât placé au-dessus de la route creusée sous la jetée du nord-ouest.

En 1791 on éleva sur ce môle, à-peu-près à soixante pieds de son extrémité, qui est garnie d'un parapet, un petit phare en granit et en brique; la lanterne est à douze pieds au-dessus du terrain et à vingt et un pieds et demi au-dessus du niveau de la mer haute : ce phare est à feu fixe et allumé toute la nuit. Il sert de point de reconnoissance aux navires qui viennent de la haute mer, et de guide aux caboteurs pour l'entrée du port du Havre et celle de la Seine.

LE HAVRE.

VUE PRISE DE LA HAUTEUR DES PHARES.

Le département de la Seine-Inférieure est borné du côté de la Manche par un rivage escarpé dont la hauteur au-dessus du niveau de la mer est ordinairement de cinquante toises. Cette falaise offre un mur inaccessible percé à différents intervalles par des vallées qui viennent aboutir au bord de la mer, et à l'entrée desquelles sont des ports plus ou moins considérables.

C'est du haut de la partie de la falaise la plus proche du Havre que le spectateur, tourné vers cette ville, jouit d'une de ces perspectives dont la magnificence et le charme ne peuvent se décrire. On doit se borner à indiquer les objets qui se présentent à la vue.

L'espace de mer compris entre la falaise et la ville est la petite rade; elle n'est éloignée du rivage que d'une demi-portée de canon. Plus loin, à droite, à deux lieues au large, est la grande rade. Les navires de moyenne grandeur peuvent mouiller à deux encâblures de terre. Ces deux rades ont le défaut des rades foraines ou non fermées par des terres; dans les coups de vent du sud-ouest au nord-ouest et dans les grains les navires qui sont à l'ancre y souffrent beaucoup, mais la tenue du fond est excellente, et à moins d'une très rude tempête, ils y sont en sûreté avec de bons câbles.

On voit un navire à trois mâts qui, toutes voiles dehors, est prêt à entrer dans le port. On distingue la jetée qu'il va laisser à gauche, le petit phare placé vers l'extrémité de cette jetée, et qui, pendant la nuit, lui en indique la position; un peu plus loin, le mât de pavillon, qui sert à faire connoître aux bâtiments le moment où ils peuvent donner dans la passe.

Au-delà de la ville on voit les eaux de la Seine se joindre à celles de l'Océan. La largeur de ce fleuve est d'une lieue et demie à son embouchure. A sa rive

LE HAVRE.

gauche il est bordé par les riants coteaux du département du Calvados, qui sont couverts de champs, de pâturages, de bosquets, et de vergers, jusqu'à la plage. On distingue dans la Seine le bateau à vapeur qui fait deux fois par jour le trajet entre le Havre et Honfleur; une distance de trois lieues sépare ces deux villes; il la parcourt constamment en une heure, n'importe que le vent soit favorable ou contraire.

Sur la plage sont les chantiers de construction du commerce. Le Havre a toujours été renommé pour la solidité, la beauté de la coupe, et les proportions avantageuses de ses navires. Les bois viennent en partie des arrondissements voisins, et en plus grande quantité des départements arrosés par le cours supérieur de la Seine, de l'Yonne, et de la Marne. Ces bois, arrivés en flottant jusqu'à Rouen, y sont embarqués dans des bâtiments qui les apportent au Havre; là, ils sont chargés pour Cherbourg, Brest, et les autres ports de la marine royale sur l'Océan. Les mâtures, les planches, les bordages en sapin, viennent, ainsi que le goudron et le brai, des ports de la Baltique.

Indépendamment de la jetée, on aperçoit d'autres éperons s'avancer en mer. On les nomme des épis; ils sont en bois, et creux intérieurement; ils sont destinés à recevoir les galets que le mouvement de la mer pousse constamment vers l'embouchure de la Seine. Quand ils étoient pleins, on les vidoit: on les a laissés dépérir la plupart, l'accumulation progressive des galets a forcé de prolonger les épis qui restoient.

Près de la ville, le terrain du Peré est couvert de magasins de planches et de matières combustibles, de maisons des constructeurs de navires, et d'ateliers de corderie; plus loin s'élèvent de nombreuses tuileries et briqueteries qui sont presque toujours en activité; de mer basse on va avec des tombereaux chercher l'argile nécessaire à cette fabrication; on la tire de la partie de la plage située plus au large et plus bas que celle qui est remplie par les galets: à chaque marée, plusieurs pieds d'eau la recouvrent.

LE HAVRE.

ENTRÉE DU PORT VUE DE LA JETÉE.

Dès l'année 1530 on avoit élevé à l'entrée du port du côté du nord-ouest un commencement de môle ou de jetée pour mettre la passe à l'abri des vagues, et l'on y avoit ajouté quelques petites fortifications. Cette jetée en pierre n'alloit que jusqu'à l'enfoncement que l'on aperçoit en avant de la tour ; elle fut ensuite prolongée en bois et remplie en dedans de galets, et s'étendit beaucoup plus loin qu'aujourd'hui. Au mois de décembre 1705 un furieux coup de vent de nord-ouest enleva la moitié de cette digue avec la batterie qui étoit dessus, le galet tomba dans l'entrée du port et la combla. Alors on continua l'ouvrage en pierre et on l'avança de quarante toises. Un second ouragan accumula le galet contre la jetée et interrompit le travail ; il fut repris en 1710 et achevé l'année suivante tel qu'on le voit aujourd'hui.

La jetée de l'autre côté du port est nommée jetée du sud-est : elle n'alloit d'abord qu'à-peu-près jusqu'au point où l'on voit actuellement la maison de l'ingénieur des ponts-et-chaussées : comme elle ne couvroit pas assez l'ouverture du port, elle fut allongée de trente toises en 1704. À l'époque des travaux entrepris pour l'agrandissement de la ville, on commença une grande muraille qui, d'un point rapproché de l'extrémité occidentale de cette jetée, se prolonge en ligne droite à l'est, puis forme un angle pour aller rejoindre le rempart extérieur de l'ancienne citadelle. On avoit d'abord projeté de fonder la nouvelle ville dans l'espace compris entre ces murs ; ce plan fut abandonné. Tout cet intervalle est rempli d'eau qui, au moyen d'une écluse de chasse dont on voit les portes, sert à nettoyer l'entrée du port du galet que la mer y apporte.

Pour faciliter l'enlévement de ces cailloux on a creusé sous la jetée du nord-ouest, vers son extrémité, une route à laquelle les charrettes arrivent par une

rampe, et qui leur procure le moyen de descendre jusqu'au bord de la mer quand elle est basse.

Comme les lames sont très fortes entre les deux jetées à la marée montante, lorsque les vents soufflent du large, les gros navires qui sont en rade doivent y attendre que le mouvement du jusant ou reflux ait commencé, parcequ'il rend la mer moins houleuse et que la force du courant y devient moins à craindre, sans que l'eau ait baissé. Le port du Havre a un avantage particulier sur les autres ports de marée, c'est que la mer y garde son plein pendant trois heures, au lieu qu'ailleurs, dès qu'elle est parvenue à sa plus grande élévation, elle diminue aussitôt : cette propriété donne une extrême facilité pour l'entrée et la sortie des bâtiments.

Lorsque le moment où ceux qui sont mouillés sur la rade peuvent se présenter à l'ouverture du port est arrivé, ils en sont avertis par un pavillon que l'on hisse à un mât placé au-dessus de la route creusée sous la jetée du nord-ouest.

En 1791 on éleva sur ce môle, à-peu-près à soixante pieds de son extrémité, qui est garnie d'un parapet, un petit phare en granit et en brique; la lanterne est à douze pieds au-dessus du terrain et à vingt et un pieds et demi au-dessus du niveau de la mer haute : ce phare est à feu fixe et allumé toute la nuit. Il sert de point de reconnoissance aux navires qui viennent de la haute mer, et de guide aux caboteurs pour l'entrée du port du Havre et celle de la Seine.

LE HAVRE.

VUE PRISE DE LA HAUTEUR DES PHARES.

Le département de la Seine-Inférieure est borné du côté de la Manche par un rivage escarpé dont la hauteur au-dessus du niveau de la mer est ordinairement de cinquante toises. Cette falaise offre un mur inaccessible percé à différents intervalles par des vallées qui viennent aboutir au bord de la mer, et à l'entrée desquelles sont des ports plus ou moins considérables.

C'est du haut de la partie de la falaise la plus proche du Havre que le spectateur, tourné vers cette ville, jouit d'une de ces perspectives dont la magnificence et le charme ne peuvent se décrire. On doit se borner à indiquer les objets qui se présentent à la vue.

L'espace de mer compris entre la falaise et la ville est la petite rade; elle n'est éloignée du rivage que d'une demi-portée de canon. Plus loin, à droite, à deux lieues au large, est la grande rade. Les navires de moyenne grandeur peuvent mouiller à deux encâblures de terre. Ces deux rades ont le défaut des rades foraines ou non fermées par des terres; dans les coups de vent du sud-ouest au nord-ouest et dans les grains les navires qui sont à l'ancre y souffrent beaucoup, mais la tenue du fond est excellente, et à moins d'une très rude tempête, ils y sont en sûreté avec de bons câbles.

On voit un navire à trois mâts qui, toutes voiles dehors, est prêt à entrer dans le port. On distingue la jetée qu'il va laisser à gauche, le petit phare placé vers l'extrémité de cette jetée, et qui, pendant la nuit, lui en indique la position; un peu plus loin, le mât de pavillon, qui sert à faire connoître aux bâtiments le moment où ils peuvent donner dans la passe.

Au-delà de la ville on voit les eaux de la Seine se joindre à celles de l'Océan. La largeur de ce fleuve est d'une lieue et demie à son embouchure. A sa rive

gauche il est bordé par les riants coteaux du département du Calvados, qui sont couverts de champs, de pâturages, de bosquets, et de vergers, jusqu'à la plage. On distingue dans la Seine le bateau à vapeur qui fait deux fois par jour le trajet entre le Havre et Honfleur; une distance de trois lieues sépare ces deux villes; il la parcourt constamment en une heure, n'importe que le vent soit favorable ou contraire.

Sur la plage sont les chantiers de construction du commerce. Le Havre a toujours été renommé pour la solidité, la beauté de la coupe, et les proportions avantageuses de ses navires. Les bois viennent en partie des arrondissements voisins, et en plus grande quantité des départements arrosés par le cours supérieur de la Seine, de l'Yonne, et de la Marne. Ces bois, arrivés en flottant jusqu'à Rouen, y sont embarqués dans des bâtiments qui les apportent au Havre; là, ils sont chargés pour Cherbourg, Brest, et les autres ports de la marine royale sur l'Océan. Les mâtures, les planches, les bordages en sapin, viennent, ainsi que le goudron et le brai, des ports de la Baltique.

Indépendamment de la jetée, on aperçoit d'autres éperons s'avancer en mer. On les nomme des épis; ils sont en bois, et creux intérieurement; ils sont destinés à recevoir les galets que le mouvement de la mer pousse constamment vers l'embouchure de la Seine. Quand ils étoient pleins, on les vidoit: on les a laissés dépérir la plupart, l'accumulation progressive des galets a forcé de prolonger les épis qui restoient.

Près de la ville, le terrain du Peré est couvert de magasins de planches et de matières combustibles, de maisons des constructeurs de navires, et d'ateliers de corderie; plus loin s'élèvent de nombreuses tuileries et briqueteries qui sont presque toujours en activité; de mer basse on va avec des tombereaux chercher l'argile nécessaire à cette fabrication; on la tire de la partie de la plage située plus au large et plus bas que celle qui est remplie par les galets: à chaque marée, plusieurs pieds d'eau la recouvrent.

LE HAVRE.

ENTRÉE DU PORT VUE DE LA JETÉE.

Dès l'année 1530 on avoit élevé à l'entrée du port du côté du nord-ouest un commencement de môle ou de jetée pour mettre la passe à l'abri des vagues, et l'on y avoit ajouté quelques petites fortifications. Cette jetée en pierre n'alloit que jusqu'à l'enfoncement que l'on aperçoit en avant de la tour; elle fut ensuite prolongée en bois et remplie en dedans de galets, et s'étendit beaucoup plus loin qu'aujourd'hui. Au mois de décembre 1705 un furieux coup de vent de nord-ouest enleva la moitié de cette digue avec la batterie qui étoit dessus, le galet tomba dans l'entrée du port et la combla. Alors on continua l'ouvrage en pierre et on l'avança de quarante toises. Un second ouragan accumula le galet contre la jetée et interrompit le travail; il fut repris en 1710 et achevé l'année suivante tel qu'on le voit aujourd'hui.

La jetée de l'autre côté du port est nommée jetée du sud-est : elle n'alloit d'abord qu'à-peu-près jusqu'au point où l'on voit actuellement la maison de l'ingénieur des ponts-et-chaussées : comme elle ne couvroit pas assez l'ouverture du port, elle fut allongée de trente toises en 1704. A l'époque des travaux entrepris pour l'agrandissement de la ville, on commença une grande muraille qui, d'un point rapproché de l'extrémité occidentale de cette jetée, se prolonge en ligne droite à l'est, puis forme un angle pour aller rejoindre le rempart extérieur de l'ancienne citadelle. On avoit d'abord projeté de fonder la nouvelle ville dans l'espace compris entre ces murs; ce plan fut abandonné. Tout cet intervalle est rempli d'eau qui, au moyen d'une écluse de chasse dont on voit les portes, sert à nettoyer l'entrée du port du galet que la mer y apporte.

Pour faciliter l'enlévement de ces cailloux on a creusé sous la jetée du nord-ouest, vers son extrémité, une route à laquelle les charrettes arrivent par une

LE HAVRE.

PORTE-ROYALE.

Le Havre a aujourd'hui cinq portes, qui sont, en partant du point le plus rapproché du bord de la mer, la porte du Peré, appelée ainsi d'après l'espace de terrain pierreux compris entre la ville et l'Océan; la porte des Pincettes, qui tire sa dénomination d'une fontaine voisine; la porte d'Ingouville, qui mène au bourg de ce nom, dont les maisons touchent les glacis de la place du Havre, et que traverse la route de Paris; la Porte-Royale, située près du fond du bassin de la Barre, et la porte de l'ancienne citadelle. La seconde et la quatrième ont été construites récemment, la première, la troisième, et la cinquième, existoient avant les agrandissements de la ville. Cependant la porte d'Ingouville n'est plus sur le même emplacement; celle que l'on voyoit autrefois a été détruite; la nouvelle est à deux cents toises plus au nord.

La Porte-Royale se distingue par sa structure élégante, elle fut élevée en 1792. On a le projet de faire une chaussée qui, partant de cette porte, rejoindra la route de Paris au hameau de Tourneville situé une demi-lieue plus loin. Le voyageur qui arriveroit par là seroit frappé, en entrant, du coup d'œil magnifique que lui offriroient le bassin de la Barre et le bassin du Commerce, remplis de navires.

A peu de distance, au sud de la Porte-Royale, les remparts de la ville sont traversés par le canal d'Harfleur qui a une issue dans le bassin de la Barre. Ce canal fut projeté par Vauban pour amener dans ce bassin une quantité d'eau telle que l'écluse en eût plus de force pour chasser le galet de l'entrée du port et les vases de l'avant-port. Ces ouvrages furent commencés, et ensuite on les négligea. En creusant le canal d'Harfleur, en 1664, on a trouvé, entre la ville de ce nom et le village de Graville, une quille de navire de quatre-vingts pieds de long.

LE HAVRE.

Tout le terrain du Havre et de la plaine basse qui lui est contiguë, étant le produit d'alluvions récentes, n'a pas offert de grandes difficultés pour y creuser les différents bassins. Au-dessous de la couche de terre végétale on a trouvé du galet, puis de l'argile bleuâtre, quelquefois on rencontroit des membrures d'embarcations souvent consumées de vétusté; on y a observé aussi des lits de tourbe fort minces, produits par les herbes qui couvroient cette portion du sol avant que le limon l'enterrât sous des dépôts nouveaux. L'argile qu'on a retirée de ces excavations a été employée à faire des briques pour la construction des édifices publics ou particuliers. Comme cette terre et toute celle de la partie basse des environs est entièrement imprégnée d'eau salée ou au moins saumâtre, les briques qui résultent de sa cuisson sont de couleur jaune, et la fumée qui s'exhale pendant l'opération répand une odeur très sensible d'acide muriatique.

Il entre dans les projets des nouveaux travaux du Havre de curer le canal d'Harfleur, dont une partie est remplie de roseaux et encombrée par les vases, de l'achever, et de le faire aboutir près de cette dernière ville dans la Seine; il faciliteroit beaucoup la navigation de ce fleuve. Les navires qui doivent le remonter pourroient en tout temps sortir du Havre, tandis qu'ils y sont retenus quelquefois plusieurs jours de suite par les vents contraires, ou, en temps de guerre, par la présence de l'ennemi sur la rade.

A peu de distance, au sud-est de la Porte-Royale, est le village de Leure, qui, dans le douzième siècle, avoit un petit port que les sables et les galets sont parvenus à combler; Leure avoit aussi des salines. Aujourd'hui le terrain de ce village est plus bas que celui des hautes mers; il est préservé d'une inondation entière par l'accumulation des galets le long du rivage; plusieurs ouvrages de l'art qui ont été destinés à couvrir la partie que les flots avoient endommagée sont exposés à de rudes assauts quand la mer est très grosse; alors elle passe par-dessus ces digues et couvre la campagne.

LE HAVRE.

VUE DE LA TOUR ET DE L'ENTRÉE DU PORT.

Le spectateur, placé sur la jetée du sud-est, voit devant lui la tour construite sous François Ier, dont elle porte le nom ; commencée en 1520, elle fut achevée vers 1530. Elle étoit destinée à marquer et à défendre l'entrée du port, avec une autre tour élevée de l'autre côté, mais plus dans le sud-est, et qui n'existe plus.

La tour de François Ier est un ouvrage massif et très solide, ayant presque autant de profondeur sous le lit du port, qu'elle a d'élévation au-dessus du quai. Elle est de forme ronde, formée de pierres de taille, dont quelques unes font une saillie arrondie ; elle est si bien fondée, que ses caves sont extrêmement sèches, et peuvent servir de magasins à poudre. C'est là que les navires prennent en partant celle qu'ils emportent, et à leur retour déposent en passant celle qu'ils rapportent. La tour est surmontée d'une plate-forme sur laquelle on monte pour observer ce qui se passe sur la rade, et qui, en temps de guerre, est garnie de canons. On y a placé aussi un sémaphore, sorte de télégraphe, qui, ainsi que d'autres signaux du même genre, correspond de proche en proche avec différents points de la côte, et fait connoître les événements de mer.

On aperçoit, à gauche de la tour, l'entrée du port dans laquelle donnent plusieurs petits navires et un plus gros que l'on hèle pour le faire arriver dans l'avant-port. Du même côté s'étend la jetée du nord-ouest dont la masse commence au pied de la tour.

Les bateaux qui se trouvent à droite sont ceux des pêcheurs ou des pilotes qui arrivent ou qui vont partir ; le quai, près duquel ils sont placés, est aussi celui où abordent et d'où partent les petits navires appelés passagers qui entretiennent journellement, lorsque le mauvais temps n'y met pas obstacle, la communication avec Honfleur.

On découvre au-delà les arbres qui forment une allée entre le logement du commandant de la tour et la bourse; on distingue ce dernier bâtiment à l'extrémité de cette petite promenade; c'est ordinairement sous l'ombrage de ces arbres que les négociants se rassemblent; on n'entre guère dans l'édifice de la bourse que lorsque le froid ou le mauvais temps y oblige. C'est un monument d'une architecture fort simple, mais de bon goût, qui fut construit en 1785.

Au-dessus des arbres de la bourse on distingue l'hôtel-de-ville qui est situé à droite d'une porte conduisant à un pont par lequel on communique avec la jetée du nord-ouest. L'hôtel-de-ville, construit aux frais des citoyens, servit long-temps de logement au lieutenant de roi; la ville étant rentrée dans ses droits légitimes, la municipalité y a été installée: c'est en effet le local qui convient le mieux aux administrateurs d'une ville maritime. Les fenêtres des principaux appartements sont ouvertes du côté de la mer, que l'on contemple dans toute son étendue. On domine l'ouverture du port; on voit entrer et sortir les navires, et l'on peut observer tout ce qui se passe sur la rade.

LE HAVRE.

BASSIN DU COMMERCE.

Lorsque l'accroissement du commerce du Havre eut rendu le bassin du Roi insuffisant pour le nombre des navires qui avoient besoin d'être toujours à flot, on s'occupa d'en creuser un nouveau. Après avoir examiné bien des projets, on s'arrêta au plus simple. Le fossé des fortifications qui ceignoit la ville au nord passoit à peu de distance du bassin du Roi ; on profita de cette cavité, on la rendit plus profonde, on construisit des quais, et l'on obtint un bassin qui forme un parallélogramme régulier : sa longueur est de 280 toises, sa largeur de 50, sa surface de 14,215 toises carrées.

L'ouvrage fut commencé en 1788, et finit en 1792, sous la direction de MM. Lamblardie et Sganzin, ingénieurs des ponts-et-chaussées. Il communique au sud avec le bassin du Roi, à l'est avec le bassin de la Barre ; les travaux de ce côté n'ont été achevés que depuis quelques années, MM. La Peyre et Haudry, ingénieurs des ponts-et-chaussées, les ont terminés.

Ce bassin, le plus considérable de ceux du Havre, peut contenir deux cent vingt-six bâtiments de 90 pieds de long sur 25 pieds de large. Des calles placées à son extrémité occidentale donnent une grande facilité aux navires chargés de bois de construction et de planches de mettre ces objets à terre, les voitures destinées à les emporter pouvant s'avancer jusque sur le bord du plan incliné qui est mouillé par l'eau de la mer. Une machine à mâter a été élevée sur cette même extrémité du bassin ; elle n'est placée là que provisoirement.

De quelque côté que la vue se promène sur ce bassin, il offre un coup d'œil magnifique par la quantité de navires qu'il renferme. On y voit flotter les pavillons de toutes les nations maritimes de l'Europe, et celui des États-Unis de l'Amérique septentrionale. On aperçoit une forêt de mâts à travers lesquels la vue

LE HAVRE.

a peine à pénétrer. Le bassin est assez vaste pour que les bâtiments puissent abattre en carêne, et on les chauffe sans qu'il résulte le moindre danger pour ceux qui sont dans le voisinage. Du fond de l'extrémité occidentale on découvre la Porte-Royale placée près du bassin de la Barre ; et quand on est sur le pont qui établit la communication entre les deux côtés de la plate-forme située entre les deux bassins, on a devant soi, à l'ouest, la salle de la comédie, qui termine fort bien la perspective de ce côté.

Il entre annuellement au Havre plus de neuf cents navires, et il en sort à-peu-près autant. On ne comprend pas dans ce nombre les navires françois qui viennent d'un autre port du royaume, ou qui s'y rendent ; tous les jours, il en arrive et il en sort plusieurs.

Les navires françois qui partent du Havre pour la navigation au long cours vont dans toutes les parties du globe et sur-tout dans les Antilles. Ils emportent des produits de l'industrie françoise, et reviennent chargés de sucre, de café, de coton, et de marchandises moins importantes. Parmi les navires étrangers ceux des États-Unis de l'Amérique sont les plus nombreux ; ils apportent du riz, du coton, de l'indigo, et d'autres productions de leur sol, du thé qu'ils vont chercher en Chine, d'autres objets qu'ils ont embarqués dans différents pays.

Il seroit trop long d'énumérer les diverses sortes de marchandises qui entrent dans le port du Havre : on les trouve toutes réunies dans les magasins des commerçants depuis les plus précieuses, jusqu'aux plus communes, depuis ces épiceries qui ne peuvent croître que sous le climat brûlant des tropiques, jusqu'à ces résines que l'on obtient par incision du pin qui ombrage les contrées où le froid permet à peine à quelques arbres de vivre. La recette des droits de douane s'élève, année moyenne, à plus de 17,400,000 francs.

Le Havre est le port de Paris, et l'entrepôt d'une partie du nord de la France ; c'est pour fournir à l'approvisionnement de la capitale et des contrées baignées par la Seine, la Marne, et leurs affluents, que tant de navires entrent dans les bassins du Havre ; par une heureuse réciprocité cette ville ouvre à Paris et à ces provinces une issue commode pour faire parvenir les produits de leur industrie jusque dans les régions les plus lointaines.

Peint par Gilbert
Gravé par Thalès Fielding.

LE HAVRE.

VUE DE LA RADE PRISE DE LA JETÉE.

L'enfoncement compris entre le cap la Hève et l'entrée du port du Havre est entouré, dans l'espace le plus rapproché de la ville, d'une plage basse ; au-delà s'élève un coteau qui conserve une hauteur à-peu-près égale depuis Harfleur, où il commence à l'est, jusqu'au nord du Havre, où il s'abaisse en laissant une ouverture qui conduit dans le haut du pays. Le terrain se relève ensuite, et le coteau se prolonge encore vers l'ouest. Un peu plus loin s'ouvre le vallon de Sainte-Adresse, bordé dans sa partie occidentale par la colline, dont l'extrémité la plus avancée vers la mer est connue sous le nom de Grouin ou Chef de Caux, et aussi sous celui de cap la Hève ; c'est sur cette hauteur que l'on a construit les phares.

Placé sur la jetée du nord-ouest, le spectateur distingue très bien ces deux édifices si utiles aux navigateurs. Les monuments historiques nous apprennent que sous le règne de Charles V, en 1364, on établit un feu sur le Grouin ou Chef de Caux pour faciliter le commerce des étrangers avec Harfleur, alors le port principal de l'embouchure de la Seine. Un éboulement des terres, accident qui n'est pas rare le long de la falaise dont le cap la Hève forme l'extrémité, entraîna le phare. Il se passa long-temps avant que l'on songeât à le rétablir. Enfin en 1775 le gouvernement ordonna de placer de nouveau sur le cap la Hève le feu que la sûreté des marins réclamoit hautement.

Deux phares furent construits : ce sont deux tours éloignées l'une de l'autre de 300 pieds ; elles s'élèvent sur une base carrée, et sont surmontées d'une plate-forme circulaire bordée d'une rampe en fer, et sur laquelle est posée une lanterne dont la carcasse est en fer. Au milieu se trouve une tige de même métal, le long de laquelle monte, par le moyen d'un cric, l'appareil qui porte plusieurs rangs de lampes. Le tout est recouvert en cuivre, et terminé par une flèche portant une girouette; le vitrage de chaque lanterne se compose de soixante-douze glaces.

L'élévation des phares au-dessus du terrain est de 75 pieds; et celle des lanternes, de 90 pieds; ils sont à 415 pieds au-dessus du niveau de la pleine mer. Ces feux sont allumés sans interruption pendant toutes les nuits, depuis le coucher du soleil; ils sont fixes, leur position correspond avec celle des phares de Gatteville près de Harfleur, et de l'Ailly près de Dieppe, sous un rapport tel qu'il est impossible à aucun bâtiment entré dans la Manche de les prendre l'un pour l'autre, et de se tromper sur la situation de l'embouchure de la Seine.

Ces phares furent d'abord éclairés avec de la houille; mais lorsque le vent souffloit avec violence, il enlevoit des charbons embrasés, et les portoit à des distances considérables; d'ailleurs il renversoit la flamme tellement que, lorsqu'il venoit du côté de la mer, le feu n'étoit plus visible pour les navires qui le cherchoient; enfin il l'éteignoit souvent. Pour obvier à ces inconvénients, on entoura ce feu d'un vitrage; mais on ne le distinguoit pas d'assez loin, et la chaleur de l'intérieur de la lanterne étoit trop forte, pour que les hommes chargés d'alimenter le fourneau pussent y rester; c'est ce qui fit adopter, en 1778, des lampes à réverbère. Un nouveau mode d'illumination fut introduit en 1811. Par un temps clair les feux de la Hève s'aperçoivent à près de dix lieues de distance comme des points lumineux de neuf pieds carrés.

La jetée est un but de promenade. Les étrangers viennent y jouir de l'aspect de la mer : tantôt elle s'avance ou se retire doucement dans son mouvement continuel; tantôt, poussée avec violence par les vents, elle se brise avec fracas sur le rivage, roulant à chaque fois des quantités de galets qu'elle arrondit par ce frottement constant; dans les tempêtes elle arrive jusqu'au niveau de la jetée, et les vagues, pressées les unes par les autres, s'élèvent en masses humides qui inondent l'espace sur lequel elles tombent en crevant; le galet qu'elles charrient alors couvre souvent la partie de la jetée qui n'est pas préservée par le parapet. Dans ces tourmentes, on ne va pas sur la jetée à moins qu'un devoir impérieux, ou une curiosité très forte, n'y conduise. Aucun navire ne peut sortir du port; ceux au contraire qui veulent y entrer profitent du vent qui leur est favorable pour trouver l'asile qu'ils cherchoient.

LE HAVRE.

VUE DU HAVRE PRISE DE GRAVILLE.

On pense que la mer baignoit autrefois le coteau sur la pente duquel s'élève l'église de Graville. Suivant une tradition pieuse, on y trouva, dans le courant du quatrième siècle, sur le bord de l'Océan, le corps de sainte Honorine. On ne sait rien d'ailleurs concernant cette vierge, que l'on suppose avoir souffert le martyre. Sous le règne de Charles-le-Simple, les incursions des Normands, qui ravageoient continuellement les côtes de la Neustrie, engagèrent à transporter le corps de la sainte dans un endroit où il fût à l'abri des outrages des barbares ; en conséquence il fut déposé à Conflans, village situé au point où la Seine reçoit les eaux de l'Oise : il y est resté ; et le nom de sainte Honorine a servi à distinguer ce lieu de tous ceux auxquels la ressemblance de position a fait appliquer la dénomination qui les caractérise. Graville ne conserva que des vertèbres du cou de la sainte.

Au commencement du treizième siècle, des chanoines réguliers de la congrégation de France furent appelés à Graville ; ils y sont restés jusqu'à l'époque de la révolution. C'étoit un prieuré. Une partie du bâtiment où habitoient les chanoines fut dévorée par un incendie au mois de février 1787. On abattit ce qui avoit été endommagé, et l'on obtint par-là une fort belle esplanade. Parmi les religieux qui ont vécu à Graville, on ne doit pas oublier Pingré, qui s'est fait un nom comme astronome, et Ventenat, habile botaniste.

Le presbytère de Graville occupe l'emplacement du prieuré, il est attenant à l'église, dont l'architecture, qui est du moyen âge, offre des détails remarquables. Ces bâtiments sont situés à-peu-près à la moitié de la hauteur du coteau qui se prolonge parallèlement au cours de la Seine. Si des fenêtres du prieuré, ou de la terrasse qui lui est contiguë, on porte les yeux autour de soi, on aperçoit d'abord au-delà de la grande route un petit tertre isolé sur lequel on distinguoit encore dans le dix-huitième siècle les ruines du château de Crestin, qui avoit dû commander le passage dans cet endroit soit par terre, soit par eau. A droite, on voit le canal d'Harfleur, qui verse ses eaux dans les fossés du Havre. Cette ville se présente avec les nombreux mâts de navires qui remplissent ses bassins. En remontant le long de la rive droite de la Seine, on découvre successivement le village de Leure, la chapelle des Neiges, le Hoc, poste bâti à l'embouchure de la Lézarde. Plus loin, s'élèvent les coteaux situés à l'est d'Harfleur: sur le sommet de leur prolongement domine le château d'Orcher, qui n'a de remarquable que sa situation.

Au-delà de la Seine l'œil embrasse un horizon immense, qui s'étend depuis les rivages du Calvados, baignés par l'Océan plus loin que la bouche de l'Orne, jusqu'aux falaises crayeuses du département de l'Eure, qui resserrent le lit de la Seine au-dessus de Quillebœuf. Il est difficile de se figurer une perspective à-la-fois aussi vaste et aussi magnifique.

La plaine comprise entre le pied du coteau de Graville et la Seine offre dans une partie de gras pâturages où les troupeaux paissent des herbes qui, nourries par une eau un peu salée, donnent à leur chair une saveur recherchée par les amis de la bonne chère; ailleurs des habitations entourées de plantations d'arbres répandent la variété dans le point de vue. Malheureusement les exhalaisons humides rendent insalubre le séjour de cette plaine. Pendant plusieurs mois de l'année des brouillards épais s'y élèvent à l'instant où le soleil se plonge dans l'Océan, et ne se dissipent le matin que lorsque ses rayons ont déjà répandu une certaine chaleur dans l'atmosphère.

Toute la portion de Graville située sur la pente du coteau est à l'abri de ces influences funestes: ce n'est pas le seul avantage dont elle jouit. Abrité des vents du nord, favorisé de la douce température que procure le voisinage de la mer en amortissant la rigueur du froid, ce coteau jouit d'un climat si tempéré, que des arbres et des arbrisseaux des rives de la Méditerranée y croissent sans avoir besoin d'abri; les cyprès, les myrtes, les arbousiers, les lauriers, les cistes, les jujubiers, et d'autres végétaux plus délicats, y font l'ornement des jardins et notamment de celui de la famille Eyriès, où depuis long-temps ils sont acclimatés, et ont mérité l'attention des botanistes.

HAVRE.

ÉTRETAT.

VUE GÉNÉRALE DE LA RADE.

Le bourg d'Étretat se trouve à deux lieues et demie au sud-ouest de Fécamp,
et quatre lieues environ au nord de Montivilliers. Habité par quinze cents personnes adonnées à la pêche ou à la fabrication des toiles de coton, ce lieu éveilla
naguère l'attention du gouvernement par les services que sa position géographique lui permettoit de rendre à sa marine. L'annuaire statistique du département
de la Seine-Inférieure, année 1806, donne à ce sujet les renseignements les plus
circonstanciés ; on a donc lieu d'être surpris qu'un plan dont les dispositions pa-
roissoient aussi bien combinées soit resté jusqu'à ce jour sans exécution. A quoi
faut-il l'attribuer ? est-ce à l'énormité des trente millions demandés par les devis
estimatifs ; ou bien à cet empire des circonstances derrière lequel la négligence
est toujours prête à chercher un refuge ? Dans le premier cas on s'abandonnoit à
des vues trop parcimonieuses en matière d'administration ; les résultats d'une telle
entreprise auroient amplement indemnisé le trésor de ces sacrifices ; ne devroit-on
pas savoir d'ailleurs qu'en fait d'économie politique, les intérêts du présent ne sont
pas toujours les seuls à consulter, et que l'avenir mérite aussi quelques avances.
Dans la seconde supposition, les raisons que l'on donnoit alors pourroient être
encore reproduites, puisque les événements seront éternellement composés de
circonstances ; mais celles qui nous gouvernent maintenant pouvant très bien
autoriser en France la création d'un état maritime un peu respectable, on ne
voit pas pourquoi l'on négligeroit plus long-temps de former sur la côte de la
Normandie des ports militaires dont la marine françoise est si dépourvue dans
ces parages.

Étretat est actuellement sans aucune importance ; ses plus grands avantages
sont ceux qui résultent de sa situation topographique ; mais il est si bien partagé

en ce genre, ses environs possèdent tant de beautés naturelles, qu'ils n'ont jamais coûté de regrets à la curiosité des voyageurs. Malheureusement ce bourg achète ces dispositions pittoresques au prix des inconvénients les plus graves. Le sol sur lequel il repose se trouve au-dessous du niveau des hautes mers, et n'a pour rempart contre leurs envahissements qu'une digue formée par la nature avec les cailloux et les débris provenants des parties saillantes de la côte. Elle étoit pendant la guerre l'objet de soins assez particuliers, parcequ'une batterie y avoit été élevée pour la défense de ces rivages; la paix ayant rendu ces dispositions inutiles, cet ouvrage s'est trouvé tellement négligé, que, s'il survenoit par un vent d'ouest une tempête violente, cette barrière, suivant toute probabilité, seroit facilement emportée, et la mer submergeroit entièrement les habitations d'Étretat.

Dernièrement encore un fléau du même genre, produit cependant par des causes différentes, a porté dans ces lieux le trouble et la dévastation. A la suite d'un dégel subit, au mois de janvier 1820, les eaux affluant de toutes parts avec une extrême violence trouvèrent dans la digue un obstacle à leur écoulement. Les infiltrations ne pouvoient les absorber que dans une proportion trop inégale avec leur abondance, et cette circonstance leur prêtant à chaque instant une étendue nouvelle, elles envahirent bientôt les maisons du village, qui, pendant trois jours, fut comme enseveli sous ce nouveau déluge. L'autorité fut informée de cet événement; elle a fait prendre les mesures capables d'en prévenir le retour, espérons qu'au moyen du canal éclusé, construit par ses ordres au centre de la commune, de pareils accidents seront désormais impossibles.

Dans le fond de la perspective on aperçoit la grotte singulière du Trou-à-l'Homme, ainsi nommée, sans que nos recherches aient pu nous donner d'explications satisfaisantes à cet égard. Non loin de là, l'œil pénètre à travers une ouverture en ogive appelée porte d'aval, auprès de laquelle s'élève une aiguille élancée dont l'aspect est très propre à la peinture, et rappelle avec assez de vérité ces rochers aigus, ces pics à formes bizarres qui hérissent les côtes de quelques îles de la mer du sud.

ÉTRETAT.

VUE PRISE DU RIVAGE.

La vue prise du rivage se distingue par un caractère particulier à la nature heurtée des îles de la Calédonie. Ce fragment de rocher qui prolonge ses formes sillonnées au milieu de l'Océan, cette grotte creusée dans le roc par la fureur des vagues, cette ouverture si bizarre à travers laquelle le soleil semble aventurer un rayon, tout retrace cette partie septentrionale de l'Angleterre dont les beautés sauvages ont aussi leurs admirateurs. Ce n'est pas seulement par les singularités du sol que la petite commune d'Étretat se distingue des autres parties de la Normandie. La manière de vivre de ses habitants, presque tous pêcheurs, est tellement remplie de fatigues et de privations, qu'elle offre une ressemblance de plus avec la sévérité des habitudes écossaises. Occupés le jour ou la nuit à surprendre le poisson, qu'ils vendent ensuite aux marchands de la capitale; exposés aux dangers sans nombre attachés à la pratique de la mer; c'est souvent au milieu d'une tempête qu'ils viennent déposer les produits de leur pêche sous le toit domestique.

En jetant les yeux sur ces singulières cabanes qui figurent au premier plan dans la gravure, on seroit d'abord tenté de croire qu'elles ont été empruntées aux bords habités par quelques peuplades à demi-sauvages; on ne leur trouve point une physionomie nationale. Il est vrai que leur structure grossière et sur-tout étroite ne ménageroit point de grandes commodités à leurs habitants; mais elles servent plus spécialement à garantir de l'humidité les instruments de la profession du marin d'Étretat. C'est là qu'il dépose ses précieux filets, qu'il vient quelquefois s'assoupir en attendant le moment d'une marée favorable, et ces débris d'une vieille embarcation, après avoir tant de fois protégé sa périlleuse industrie, lui ménagent encore un asile alors qu'il s'agit de favoriser son repos.

ÉTRETAT.

VUE PRISE DE LA GROTTE DU TROU-A-L'HOMME.

Cette vue est prise de l'intérieur d'une grotte, au pied de la falaise qui borde la partie occidentale de la rade d'Étretat. Accessible seulement à la marée basse pour les marins qui la nomment le Trou-à-l'homme depuis un temps immémorial, elle laisse entrevoir, sur le devant du tableau, les rochers creusés en 1777 pour servir de parc aux huîtres. Ils devoient, suivant le projet conçu par le marquis de Belvert, suffire à l'approvisionnement de Paris ; mais les travaux commencés d'abord avec activité furent bientôt ralentis par les obstacles résultant du sol ou de l'incapacité des entrepreneurs, et l'année 1806 les vit totalement abandonner. Si cette entreprise eût été conduite avec autant d'habileté que de persévérance, elle auroit pu donner à cette commune une certaine importance, en la rendant l'entrepôt d'un commerce de consommation assez étendu ; des circonstances impérieuses s'y sont opposées, sans pouvoir néanmoins enlever aux huîtres d'Étretat une réputation qu'elles tiennent de leur bonté même. Elles sont encore fort estimées dans les annales de la gastronomie.

A l'extrémité de la falaise qui se détache en clarté sur les lointains de l'Océan, on aperçoit cette ouverture bizarre pratiquée sans doute par les mains de la nature dans un moment de convulsion. Elle est appelée Porte-d'amont par les marins qui fréquentent ces rivages.

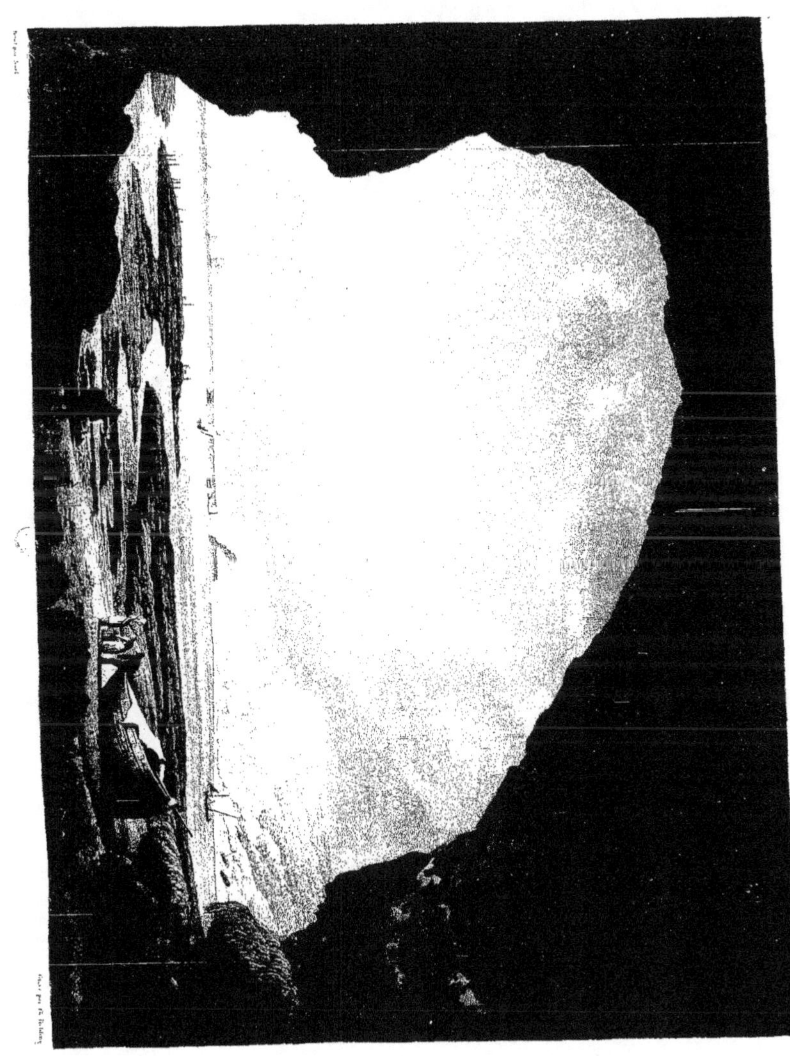

SAINT-VALERY

(EN CAUX).

A une distance un peu plus grande de Dieppe que de Fécamp, et au fond d'un
de ces étroits vallons qui interrompent seuls la ligne de falaises élevées à pic
entre ces deux villes, le navigateur rencontre un port petit, mais sûr, dont l'origine se perd au milieu de l'obscurité des âges. Ce petit port est Saint-Valery.
Malgré son peu d'étendue, son nom n'en a pas moins été parmi les historiens le
sujet d'une discussion assez animée. Les uns en font remonter l'étymologie
jusqu'au septième siècle, où ils prétendent que les disciples de saint Valery
furent obligés d'abandonner leur premier monastère, et de venir chercher un
asile sur ce point des côtes de Normandie; d'autres soutiennent qu'elle ne doit
être rapportée qu'à l'an 1197, où Richard Cœur-de-Lion détruisit la ville et
l'abbaye de Saint-Valery-sur-Somme, et où les reliques du patron du monastère
furent transportées à Saint-Valery-sur-Mer, qui leur dut alors son nom. Quatre
vers de Robert Wace paroissent détruire cette dernière opinion, et ranger même
Saint-Valery au nombre des ports qui ont vu sortir de leur enceinte une partie
de l'expédition de Guillaume-le-Conquérant. Voici en quels termes s'exprime le
vieux romancier :

> Mez ceu oi dire a mon pere
> Bien men souvien mes vallet ere
> Quer sept ceuts nesf quatre mains furent
> Quant de Saint-Valery s'esmurent.

Au reste, quelque aient été l'importance et la gloire passées de Saint-Valery,
ce petit port, malgré quelques expéditions maritimes et un cabotage assez actif,
ne peut être guère considéré aujourd'hui que comme un port de pêche. Huit à
dix bâtiments de cent vingt à cent soixante tonneaux, et montés de cent quarante
à cent cinquante hommes chacun, font la pêche de la morue. La pêche fraîche et
celle du hareng et du maquereau emploient de cinq à six cents matelots répartis
sur vingt-quatre bateaux de soixante-dix à quatre-vingts tonneaux, et sur quinze
ou dix-huit barques. Les produits réunis des différentes pêches montent chaque

année d'un million à douze cent mille francs. Il y a trente ans, ces produits étoient doubles. On attribue leur décroissement progressif au défaut de limitation des pêches et sur-tout à l'absence de toute police relativement à la pêche au chalut.

Le peu d'étendue du vallon au débouché duquel Saint-Valery est assis sera toujours un obstacle à son agrandissement; mais on réclame au moins, comme travaux urgents et nécessaires au maintien du port actuel, le curage du bassin de retenue et la reconstruction d'une partie du mur du quai de l'est.

Nous sommes transportés ici au centre du port de Saint-Valery sur la jetée de l'est. La tour démantelée que l'on remarque à gauche servoit autrefois à défendre l'entrée du port. La piété des matelots, à laquelle la présence de dangers continus imprime toujours un caractère de ferveur particulier, a élevé et entretient le calvaire qui occupe la première place.

Les habitants de Saint-Valery semblent avoir eux-mêmes reconnu le peu d'importance de leur ville en donnant le nom de *bourg* à la foible agglomération de maisons qui entourent le port. Ils ont réservé le titre de *ville* au faubourg champêtre qui s'élève en amphithéâtre sur les coteaux voisins. Seroit-ce par tradition? et une ville ancienne auroit-elle disparu de ces lieux, comme la rivière qui les arrosoit jadis, et dont on ne retrouve pas même aujourd'hui de trace?

Saint-Valery est situé par les quarante-neuf degrés cinquante-deux minutes de latitude septentrionale, et par un degré quarante minutes de longitude.

L'eau monte dans le port de douze pieds dans les marées les plus basses, et de dix-huit à vingt pieds dans les plus hautes.

On entre de tous vents dans le port de Saint-Valery: cependant les plus favorables sont ceux de l'ouest à l'est passant par le nord; et, pour sortir, ceux de l'est au nord-ouest passant par le sud.

POURVILLE.

On chercheroit en vain le nom de Pourville dans l'histoire, il n'y figure point; la statistique ne l'a inscrit dans ses annales que comme celui d'un modeste village, situé dans l'arrondissement de Dieppe, à une lieue de cette ville, près de l'embouchure de la Scie. Pourville n'a donc ni souvenirs ni importance; mais c'est un de ces lieux empreints par la nature de beautés mélancoliques et sévères, qui inspirent le poëte, portent le sage à la méditation, et devant lesquels l'artiste ne peut passer sans saisir ses pinceaux. Il y a du sentiment et du goût à avoir éclairé le tableau par la lune en son plein. C'est pour des scènes plus riantes ou plus pompeuses qu'il faut réserver les rayons du soleil. L'astre silencieux de la nuit suffit pour qu'on ne perde rien des détails de ce beau site, et ses feux, encore voilés de quelques nuages, augmentent la rêverie que l'on sent naître à la vue de cette église qui domine la falaise, et des ruines de cette autre chapelle qui s'élevoit jadis près du rivage, et qui a cédé aux coups du temps ou de la tempête. Dans le lointain apparoît le phare d'Ailly, dont les feux, maintenant éclipsés, servent, dans des nuits plus sombres, à diriger la marche et à relever le courage du navigateur en péril.

La mer est calme, on diroit un lac pur et tranquille; et le bruit de ses flots mourants sur la rive ne semble à l'oreille trompée que le murmure du zéphir agitant le feuillage. Quelques voiles apparoissent à l'horizon; un bâtiment touche déja le rivage; et si quelque berger, qui n'a pas toujours vu ce terrible élément aussi paisible, conduit encore ses brebis sur les pâturages de la falaise, peut-être dit-il comme celui de la fable :

> Vous voulez de l'argent, ô mesdames les Eaux,
> Adressez-vous, je vous prie, à quelque autre :
> Ma foi, vous n'aurez pas le nôtre.
>
> (La Fontaine, liv. IV, fab. ii.)

CAUDEBEC.

Caudebec ou Chaldebec, comme on le trouve écrit dans les anciennes chroniques, occupe, à sept lieues de Rouen, le point le plus saillant d'un méandre elliptique formé par les eaux de la Seine; il doit à cette heureuse situation l'aspect d'un très long développement des rives si riantes de ce fleuve. En les regardant du port, les villages de Villequier et de Norville déploient à droite leurs côtes couronnées de bois; à gauche, les silencieuses retraites qui n'entourent plus que les ruines de l'abbaye de Saint-Wandrille, semblent commander encore le recueillement; sur le bord opposé, le château et les jardins de la Mailleraye font pressentir dans le lointain leur magnificence vraiment royale, tandis qu'en face la forêt de Brotonne étend jusqu'à l'horizon ses dômes de verdure. On prétend, à Caudebec, que ce point de vue a été signalé par Joseph Vernet comme un des plus beaux qu'il eût rencontrés en France; il est incontestablement un des plus étendus.

En ramenant ses regards du côté de la ville, l'aspect est beaucoup moins vaste, mais il n'en est peut-être que plus pittoresque. La ville se présente resserrée entre deux collines, dont les flancs escarpés sont parsemés de jolies maisons et de jardins suspendus. Du milieu de la gorge s'élève le beau clocher en pierre qui surmonte l'église de Caudebec; ses arêtes dentelées, ses ornements délicats et légers, ressortent avec netteté sur la teinte rembrunie des bois. Le devant du tableau est occupé par le port qu'animent les nombreux navires qui, au moment de la marée, remontent la Seine pour aller porter à Rouen les objets de consommation que le commerce de cette grande cité livre au reste de la France, ou les matières premières sur lesquelles elle exerce son active industrie. Quelques petits bâtiments de transport se détachent de temps en temps de cette flottille pour relâcher à Caudebec, où s'échangent les produits agricoles des deux rives de la Seine. Le port de Caudebec ne peut recevoir que des bâtiments de cent cinquante tonneaux; on assure que quelques travaux peu considérables suffiroient pour le rendre propre à servir de refuge à des bâtiments plus importants.

CAUDEBEC.

Caudebec doit à son nom l'honneur d'être regardé par beaucoup de personnes comme l'ancienne capitale du pays de Caux. C'est une erreur; son origine ne remonte qu'au neuvième siècle. On prétend même que ce ne fut jusqu'au treizième que le point de réunion de quelques pêcheurs. Le commerce développa alors dans cette ville les germes d'une prospérité qui furent bientôt étouffés sous les calamités que les longues guerres qui déchirèrent la France entraînèrent après elles. Elle subit, comme beaucoup d'autres, le joug de l'Angleterre; mais elle eut du moins la gloire de chercher à s'en affranchir. Après avoir été contraints de se rendre par capitulation à Warvich et à Talbot, les habitants de Caudebec résolurent de recouvrer leur indépendance. Malheureusement leur projet fut découvert. Les troupes angloises, cantonnées à Harfleur, marchèrent sur Caudebec, dont les courageux citoyens n'hésitèrent pas à voler à leur rencontre. Un engagement des plus vifs eut lieu dans les environs de Tancarville; mais la victoire, comme il lui arrive trop souvent de le faire, trahit la cause de la justice et resta fidèle aux oppresseurs. Mille des braves habitants de Caudebec restèrent sur le champ de bataille, et la domination angloise pesa avec une nouvelle rigueur sur ceux qui survécurent à cette généreuse tentative. Durant les guerres de la ligue, Caudebec fut assiégé par le célèbre Farnèse, duc de Parme, qui fut blessé mortellement sous ses murs.

Cette ville s'est aussi fait un nom dans les annales de l'industrie par ses tanneries, ses gants de chevrotin, si fins qu'on pouvoit les enfermer dans une écale de noix, et sur-tout par ses chapeaux. Boileau a immortalisé sa réputation sous ce dernier rapport dans son épître à Lamoignon :

> Pradon a mis au jour un livre contre vous;
> Et chez le chapelier du coin de notre place,
> Autour d'un Caudebec, j'en ai lu la préface.

Un incendie, qui consuma une partie de la ville, et la révocation de l'édit de Nantes, qui contraignit à l'exil ses plus industrieux habitants, portèrent à Caudebec deux coups dont il ne s'est jamais relevé. Les efforts que l'on a faits récemment encore pour rendre quelque activité à son commerce n'ont point été couronnés de succès. Sa situation très rapprochée de Bolbec et d'Yvetot sembleroit devoir le rendre l'entrepôt de ces deux villes manufacturières; mais Rouen lui enlève cet avantage.

QUILLEBOEUF.

....

VU DU BORD OPPOSÉ DE LA SEINE.

En suivant le cours de la Seine, à l'endroit où ses eaux, réunies aux flots de la
mer, baignent un lit plus étendu, on aperçoit, à quelques lieues de Caudebec et
sur la rive opposée, la ville de Quilleboeuf assise au pied d'une côte escarpée. Ce
lieu, muni d'un quai construit depuis quelques années, peut être considéré
comme une espèce de karavansérail maritime où les bâtiments trouvent un asile
dans lequel ils viennent attendre les marées favorables à leurs diverses destina-
tions. Nulle part cependant le fleuve ne présente une navigation plus pénible ou
plus périlleuse; un navire, surpris par le calme ou poussé par la violence de la
barre sur les bancs de sable mouvant dont cette côte est parsemée, peut dispa-
roître en deux ou trois jours comme enseveli dans un profond abyme. Peut-être
est-ce ici l'occasion de donner sur ce phénomène quelques éclaircissements qui
feront mieux connoître ses funestes effets. La barre est une lame énorme pro-
duite par les obstacles que l'eau rencontre dans le lit d'un fleuve au moment où
la marée monte. Plus les accidents de terrain qui la forment sont voisins de la
pleine mer, plus sa force est redoutable, puisqu'elle acquiert par le souffle des
vents ou la hauteur des marées un nouveau degré d'énergie. Dans ce dernier
cas, son aspect a quelque chose d'effrayant et de sublime. Elle se roule en mu-
gissant sur le sol qu'elle laboure de ses coups répétés; elle se gonfle du limon
qu'elle lui enlève, et si, par malheur, un navire se trouve en ce moment échoué
sur son passage, elle s'irrite contre cette nouvelle barrière, grandit en proportion
de la résistance qu'elle éprouve, enveloppe le vaisseau de ses eaux écumeuses et
l'engloutit presque toujours sous les flots de sable qu'elle vomit de toutes parts.
Par une singularité toute aussi remarquable, il arrive souvent que, pendant des
hivers rigoureux et par suite de l'action des glaces, les carcasses de ces vaisseaux

sont arrachées du sein de leurs retraites et rejetées sur le rivage avec celles de leurs marchandises qui, par leur nature, étoient impénétrables à l'humidité. Ces mouvements inattendus de la terre et des eaux ont nécessité des précautions propres à s'en garantir. Indépendamment d'un phare allumé à la pointe de Quilleboeuf, l'autorité a formé dans ce port un établissement de pilotes expérimentés, destinés à guider les marins au milieu des périls qui les environnent.

La ville est peuplée d'environ quinze cents habitants. Les campagnes qui l'avoisinent ne sont pas aussi pittoresques que dans certaine partie de la province; mais leur proximité de la mer y donne la facilité de contempler les tableaux tour-à-tour majestueux ou terribles qu'elle étale devant ces rivages.

QUILLEBOEUF.

VUE DE L'ÉGLISE DE NOTRE-DAME-DE-BON-PORT.

Considéré sous le rapport commercial, Quilleboeuf, dont la pêche et la fabrication de la dentelle sont les principales ressources, ne présente pas un grand intérêt; mais en faisant attention aux importants services qu'il rend à la navigation de la Seine, en offrant un lieu de relâche obligée aux navires que le secours d'une seule marée ne sauroit faire arriver soit à Rouen, soit à l'embouchure de la Seine, il possède encore une utilité réelle. Une ville d'ailleurs n'est-elle digne d'attention que par ses produits industriels? La considération générale ne s'attache-t-elle pas à plus d'un genre de célébrité? Les lieux qui, par les souvenirs historiques qu'ils rappellent, éveillent l'attention du voyageur, sollicitent sa mémoire, échauffent son imagination, n'ont ils pas aussi quelques charmes? Sous ce dernier rapport, Quilleboeuf a des droits incontestables à la curiosité publique. Ses murailles, détruites par les ordres de Louis XIII, avoient répété tour-à-tour les cris de guerre des soldats de Mayenne ou de Henri IV; et la possession de cette place fit ourdir une conjuration dont la découverte fixa les yeux de l'Europe entière.

A l'époque de la ligue, le roi de Navarre donna l'ordre de fortifier ce port. Dufaïe, que l'on avoit chargé de conduire les travaux, ne voulut point abandonner cette ville, quand Bellegarde vint, au nom du monarque, pour en prendre le commandement. Il lui en refusa même l'entrée, résolu de s'y maintenir contre les ordres de son souverain. L'esprit de rébellion fit dans son cœur des progrès si rapides, qu'il avoit déja négocié la remise de cette place à l'Angleterre, lorsque la mort dissipa ces projets en frappant leur coupable auteur. Mayenne cependant avoit appris ces divisions; habile à profiter de leurs conséquences, il forma dès-lors le dessein de s'emparer de ces fortifications naissantes par un de ces coups de main audacieux dont on tire à la guerre de si grands avantages. La position de son frère d'armes Villars, qui, tenant alors dans Rouen pour les catholiques, ne recevoit des secours que par les eaux de la Seine, lui en faisoit un pressant devoir. Aussi ces deux ligueurs s'avancèrent aussitôt à la tête de huit mille hommes soutenus d'une artillerie formidable pour faire le siège de cette place. Peut-être avec d'aussi grands moyens auroient-ils emporté facilement une ville à peine défendue par quelques régiments, si Bellegarde, instruit de leur résolution, n'eût fait une diligence extrême pour venir avec un certain nombre de braves partager la fortune des assiégés. Mayenne, quoique prévenu, n'en poursuit ses desseins qu'avec plus d'ardeur; des batteries s'élèvent à sa voix, leur action devient si terrible, qu'en peu d'instants la brèche se trouva praticable. Prompt à saisir le moment favorable, il ordonne l'assaut, s'élance à la tête de ses troupes, les dirige par sa prudence, les anime par son courage; mais, après des prodiges de valeur, il trouve dans l'énergie de ses adversaires une puissance inébranlable qui le force d'abandonner des remparts qu'il avoit jonchés de ses morts. Plus irrités qu'humiliés de cet échec, les catholiques essaient de nouveau la fortune. Repoussés une seconde fois dans cette attaque désespérée, ils durent céder à la vaillance ennemie le prix d'une lutte sanglante, dans laquelle, après avoir tiré plus de trois mille coups de canon et perdu six cents hommes, ils furent enfin forcés à la retraite. Henri IV, instruit de ce fait d'armes, s'en fit raconter les détails par Bellegarde lui-même. Vivement ému au récit des belles actions que venoit d'enfanter la défense de Quilleboeuf, il posa sur la tête de son gouverneur une couronne, en relevant cette distinction flatteuse par des paroles plus flatteuses encore: « Elle est de chêne, Bellegarde, faute de lauriers. »

Un événement politique, dont les conséquences pouvoient compromettre la tranquillité du royaume, vint dans la suite attirer sur ce port la sollicitude générale. Les Hollandois, en guerre avec la France à cette époque, cherchoient depuis long-temps à se ménager des intelligences pour surprendre quelques points nécessaires aux descentes qu'ils méditoient dans la Normandie. Le chevalier de Rohan, cadet de l'une des plus grandes maisons de la monarchie, mais qui, par sa conduite déréglée, avoit délabré sa fortune, s'étoit engagé, par l'entremise d'un certain Vandeveuse, Hollandois d'origine, à livrer Quilleboeuf à la flotte de l'amiral Tromp. Pour donner plus de consistance à ce projet, il s'étoit même adjoint un gentilhomme normand nommé Latruanmont, homme d'une valeur et d'une audace à toute épreuve. Ils devoient, de concert, introduire

QUILLEBOEUF.

l'ennemi dans la place, surprendre les différents postes, égorger la garnison, et faire soulever ensuite toute la province. Les mesures d'exécution étoient déja prises, les conjurés en armes, les ennemis prévenus, lorsque le roi d'Angleterre, instruit de ce projet, en informa, dit-on, Louis XIV, qui donna l'ordre d'arrêter aussitôt les coupables. On s'assure du chevalier de Rohan et de Vandeveuse; mais Latrnaumont étant alors à Rouen, on envoya pour l'arrêter Brissac, son ancien ami, major des gardes du roi de France. Au moment où ce dernier se présente pour exécuter ses ordres, le coupable demande, sous un prétexte quelconque, la liberté d'entrer dans son cabinet, y prend un pistolet, le décharge sur Brissac, le manque, et renverse à sa place un des gardes de son escorte. Muni d'une autre arme, il se disposoit à briser la tête au premier assaillant, lorsqu'il reçut lui-même un coup de feu dans le ventre dont il mourut au bout de quelques heures. Prières, menaces, promesses, tout fut employé pour arracher à son agonie les noms de ses complices. Rien ne put ébranler sa résolution, il finit en conspirateur. Le chevalier de Rohan, premier auteur du complot, ne montra pas le même caractère; dans l'espoir sans doute d'obtenir sa grace, il déroula le plan des conjurés avec une expression de repentir digne de quelque pitié, si la morale publique, tant de fois outragée par sa conduite, n'eût exigé une satisfaction exemplaire. Condamné à la peine capitale avec plusieurs complices, on le vit se préparer à la mort avec résignation, et chercher dans les espérances religieuses les consolations qu'on lui refusoit sur la terre. Vandeveuse fut ignominieusement pendu.

Dans la planche en regard on aperçoit la partie de Quillebœuf qui s'étend au couchant de la ville. Les ruines d'un presbytère ravagé par un ouragan attestent la fureur des vents sur cette côte. C'est même dans la crainte des nombreux naufrages qu'ils occasionent, que les bâtiments dont on voit les mâts s'élever au-dessus d'une église vont chercher à l'est du port un refuge contre la tempête. Si du moins les navigateurs n'avoient pas d'autres ennemis à redouter dans cet endroit du fleuve, les annales maritimes de la Seine n'offriroient pas des souvenirs si cruels; mais les débris d'un bâtiment dont on voit dans la gravure les huniers lutter encore contre les flots sont là pour témoigner la perfidie des bancs de sable, et signaler le danger aux yeux des matelots par l'image de ses funestes conséquences.

Pagination incorrecte — date incorrecte

NF Z 43-120-12

TRÉPORT.

EXTRÉMITÉ DE LA JETÉE.

Tréport, situé au commencement des hautes falaises qui régnent en courant à l'ouest jusqu'à Dieppe, paroît avoir occupé jadis un rang bien différent de l'état de décadence auquel il est actuellement livré. Un chemin militaire, des vestiges d'un ancien temple, une porte murée, flanquée par deux tours assez fortes, tous ces ouvrages construits par les Romains dans la ville d'Eu dont Tréport est en quelque sorte un faubourg, font présumer que, vers une époque reculée, ces deux villes étoient destinées par eux à défendre leurs conquêtes dans cette partie de la Gaule. César, lorsqu'il entreprit la conquête de l'Angleterre, fit embarquer, ainsi qu'il le rapporte au quatrième livre de ses Commentaires, son infanterie au port des Morins, mais envoya sa cavalerie *in ulteriorem portum* pour la même destination. Or cet *ulterior portus* devoit être probablement Tréport, puisque indépendamment du chemin militaire que les Romains y firent aboutir (circonstance qui prouve déja de quelle utilité ils croyoient ce lieu susceptible), il n'existoit pas alors depuis Boulogne jusqu'à la Seine un endroit plus convenable à ces sortes d'opérations. Quelques historiens prétendent trouver l'étymologie de son nom dans les mots traez, *trais* ou *treaz*, qui signifient, en bas breton, le sable, la grève, le rivage enfin qui se découvre quand la mer se retire; cette induction paroîtroit même assez vraisemblable, puisqu'en ajoutant à ces mots celtiques la dénomination de port, résultant de sa position topographique, on obtiendroit une origine nominale assez satisfaisante.

Quoi qu'il en soit, ce bourg, vers le douzième siècle, présentoit encore un certain intérêt: il possédoit, outre plusieurs belles rues animées par une population nombreuse, une rade dans laquelle plus de cent navires marchands ou pêcheurs venoient souvent chercher un refuge contre la fureur des tempêtes. Dès le onzième siècle, Henri Iᵉʳ, comte d'Eu, voulant, autant que possible, seconder les efforts de ses habitants pour étendre leurs relations commerciales, détourna vers ce lieu le cours de la Bresle qui baignoit alors le village de Mers. Ces travaux furent d'abord assez favorables à l'accroissement de son industrie, mais plusieurs circonstances désastreuses ayant détruit ces premiers résultats, et les Anglois dans la suite ayant porté le fer et la flamme sur ces rivages, leur prospérité naissante s'évanouit tout-à-coup, pour ne laisser à sa place que le deuil et l'infortune. François Ier voulut alors apporter quelques soulagements à leur détresse; sa prévoyante sollicitude fit même élever à l'entrée du port une tour destinée à le protéger contre une attaque inattendue; cependant ni ces travaux militaires, ni le bassin que le duc de Guise fit creuser plus tard au pied de ces ouvrages, ni la forte palissade qu'il fit élever pour maintenir le cours de la rivière et soutenir la jetée contre la violence des vagues ou du galet, ne purent conjurer les malheurs auxquels ce pays étoit irrévocablement destiné. Bientôt la jetée ne subsista plus; ses débris furent ensevelis insensiblement sous les flots de la rivière à laquelle on fut obligé de donner un nouveau cours vers le nord. Par suite de ces premiers désastres, le découragement s'étant emparé des esprits, des rues entières furent englouties par la mer, des maisons ébranlées par l'impétuosité des ouragans ne furent point arrachées à la destruction, des celliers spacieux, des entrepôts, et d'autres bâtiments destinés à des usages publics, devinrent l'asile des oiseaux de proie; tout enfin présenta dans ces lieux l'image de la malédiction ou de la misère. En vain ses habitants, pour lutter contre ce dernier fléau, s'occupent à confectionner des filets ou bien à chercher des vers de mer à l'usage de la pêche dont ils transportent le produit à la ville voisine; ces travaux, considérés comme un adoucissement à leur détresse, n'offrent pas les moyens nécessaires pour la combattre avec succès, puisque depuis long-temps une partie de sa population est allée chercher dans les villes de Dieppe ou de Saint-Valery les ressources que leur terre natale semble leur refuser à jamais.

TRÉPORT.

VUE PRISE DE LA ROUTE D'EU.

En arrivant par la route d'Eu, on aperçoit dans le lointain Tréport qui s'élève au-dessus d'une côte assez escarpée bordée par la rivière de Bresle, à six lieues environ de la ville de Dieppe. Plusieurs édifices religieux s'y faisoient remarquer autrefois, entre autres un abbaye de bénédictins placée sous l'invocation de saint Michel par Robert, fils de France, son fondateur. Son port, au onzième siècle, étoit même assez renommé, puisqu'au rapport de Philippe de Commines, la ville d'Eu y avoit fait armer des bâtiments dont les équipages montrèrent une si grande hardiesse, qu'ils enlevoient, à la vue des rivages de l'Angleterre, les vaisseaux de cette puissance employés à débarquer des troupes sur notre territoire. Sa population, alors assez nombreuse, ne compte pas maintenant plus de deux mille cinq cents habitants.

En 1141 les Templiers vinrent se réfugier dans ces lieux. On montroit, il y a quelque temps, des vestiges de leur ancienne demeure.

DIEPPE.

VUE GÉNÉRALE DU COTÉ DE L'EST.

Lorsque l'on a à scruter ces temps de barbarie et d'ignorance où l'histoire n'a point encore uni son flambeau à celui de la philosophie, on interroge vainement ses annales sur tout ce qui touche au bonheur ou à l'amélioration des hommes. Muettes sur la fondation des villes, sur les accroissements du commerce, sur les progrès de la civilisation, ses pages sanglantes ne sont couvertes que de récits de carnage et de mort; elles ne sont fidèles à reproduire que les douloureuses images de tous les fléaux sous lesquels peut gémir l'humanité. C'est ainsi que, dans l'histoire du moyen âge, le nom de villes, dont aucun indice n'a révélé jusque-là le berceau, apparoît, cité pour la première fois, au moment où elles tombent ravagées sous les coups d'un vainqueur.

Le chroniqueur Rigord nous apprend que la ville de Dieppe fut prise et saccagée par Philippe-Auguste en 1195 : c'est la première mention historique qui en soit faite. Quelques écrivains, sans appuyer leurs conjectures des moindres preuves, prétendent que Charlemagne doit être regardé comme le fondateur de Dieppe, pour avoir élevé sur cette côte un château-fort, qu'il appela Bertheville, du nom de sa femme ou de celui d'une de ses filles; d'autres, plus sages dans leurs suppositions, pensent qu'à l'époque même où Guillaume-le-Conquérant s'embarqua sur la plage de Dieppe pour passer en Angleterre (le 6 décembre 1067), il n'y avoit encore aucune trace d'établissement. En effet, le minutieux annaliste qui a consigné cette importante circonstance, Oderic Vital, parle de l'embouchure de la rivière de Dieppe et nullement de la ville de Dieppe elle-même. Il est donc probable, quoique non prouvé, que ce ne fut que postérieurement au départ de la flotte de Guillaume-le-Conquérant que Dieppe prit naissance; et il n'est point étonnant que les accroissements d'une ville maritime aient été rapides sous les auspices d'un prince qui ordonnoit « que tous les chemins et tous les

« ports fussent ouverts aux commerçants, et qu'on ne leur fît aucune injure. »

Dieppe sortit de ses ruines dès l'année qui suivit celle de son désastre. De violents débats divisoient alors l'archevêque de Rouen, Gauthier, et Richard-Cœur-de-Lion qui avoit bâti le château Gaillard près Andelys sur les possessions du prélat, sans avoir obtenu son assentiment. Dieppe, cédé en échange à l'archevêque ainsi que le château d'Arques, devint un gage de paix entre les deux antagonistes. Après avoir été occupée par les Anglais, lorsqu'ils étoient maîtres de presque toute la France, cette ville, en 1433, rentra, par un heureux coup de main, sous la loi de France. Neuf ans après, Talbot vint en former le siège et essaya inutilement de la reprendre. Louis XI, qui n'étoit encore que dauphin, se distingua à sa défense.

A dater de cette époque, c'est dans l'histoire de ses marins qu'il faut lire l'histoire de Dieppe. La gloire de leurs entreprises et de leurs travaux, qui ne recevoient aucun encouragement de la politique ou de la munificence des gouvernants, leur appartient tout entière et doit être traitée à part. François Ier fut le seul qui, bien qu'un peu tard, honora et protégea le commerce de Dieppe dans la personne du plus célèbre de ses négociants, de ce fameux Ango, chez qui il ne dédaigna pas de descendre, et qui étala aux regards surpris du monarque un luxe et des richesses inconnus à sa cour.

Échappé aux rigueurs des persécutions religieuses, Dieppe succomba en 1694 sous le feu des Anglais. Le bombardement dura trois jours, au bout desquels il n'y avoit plus qu'un monceau de ruines à la place qu'avoit occupé Dieppe. C'est donc une ville de construction moderne que nous avons sous les yeux. La vue en est prise de l'entrée de la vallée d'Arques. De ce point Dieppe semble bâti sur une langue de terre resserrée entre deux eaux. Le bassin de retenue occupe le premier plan et la mer s'étend à l'horizon. En commençant par la gauche la revue de la ville, le château est le premier objet qui attire les regards. Le clocher de Saint-Remi en dépasse à peine la base. Il faut quelque attention pour distinguer dans ce même quartier les bâtiments de l'Hôtel-Dieu et de l'hospice général. La tour de l'église Saint-Jacques se reconnoît plus aisément à son élévation et à sa forme carrée. L'entrée du chenal, que l'on n'aperçoit pas, est tout-à-fait à droite derrière la côte de Neuville qui, dans cette partie du tableau, est employée comme repoussoir. On peut préjuger l'emplacement du port par les mâts qui s'élancent au milieu des maisons de la ville, et par la façade de l'Oratoire qui longe un des quais.

DIEPPE.

VUE DES BAINS.

Les bains de Dieppe sont d'une construction toute récente; l'élégance de leur architecture, la fraîcheur de leurs décors, annoncent la nouveauté de leur origine. Il y a quelques années l'usage des bains de mer était encore assez rare en France; c'est un moyen curatif que les Anglais, fixés depuis la paix à Boulogne, ont commencé à y mettre en vogue. La médecine et la mode se sont réunies pour l'adopter.

Le séjour que S. A. R. Madame, duchesse de Berry a fait aux bains de Dieppe, pendant la saison de 1824, a donné à cet établissement naissant une célébrité que chaque année verra croître.

La saison des bains commence vers le 15 juin, et se prolonge jusqu'au 15 septembre, pour ce que l'on appelle *les bains à la lame*, c'est-à-dire pour les bains pris en pleine mer. On peut étendre davantage ces limites pour les bains de mer chauds. Dieppe présente un double établissement pour ces deux genres de bains. L'hôtel des bains chauds est situé assez près des bords de la mer, rue d'Angoulême; les baigneurs y trouvent en même temps des logements agréables. Les thermes consacrés aux bains *à la lame* sont plus considérables et plus suivis. C'est le monument que nous avons ici sous les yeux. Il se compose de trois corps de logis, séparés par deux galeries à jour, de cinquante mètres chacune, sur lesquelles ils forment saillie. Le bâtiment de droite est réservé aux hommes, celui de gauche aux dames. L'entrée commune est ménagée dans le corps de logis du milieu que surmonte une plate-forme d'où l'on découvre une vaste étendue de côtes et de mer.

La pelouse qui s'étend au-devant de l'édifice dépend d'un joli jardin paysagiste, où l'on essaie d'acclimater les arbres et les plantes qui peuvent braver,

h.

durant la mauvaise saison, le soufle impétueux et desséchant des vents de mer.
A l'heure des bains, ce beau tapis de verdure est animé par le concours des
malades et des promeneurs qui s'y rendent dans de brillants équipages, ou de
modestes chaises à porteur, sur des coursiers fougueux, ou sur des ânes pai-
sibles, suivant la variété de leurs infirmités ou celle de leur fortune.

DIEPPE.

VUE DES BAINS DU COTÉ DE LA MER.

La médecine n'a point eu encore le temps de reconnoître et de classer d'une manière très précise toutes les causes des heureux effets produits par les bains de mer; elle n'a pu recueillir jusqu'ici que quelques inductions générales; mais il importe bien plus aux malades de guérir que de savoir pourquoi ils guérissent: aussi, en attendant la décision de la faculté, la foule des baigneurs n'en assiége-t-elle pas moins nos thermes maritimes, dont quelque cure miraculeuse accroît chaque année la réputation. La pureté de l'air que l'on respire sur les bords de la mer semble indiquer à l'homme qu'il trouvera sur ses rivages un nouveau principe d'existence. Une sorte d'instinct le pousse à chercher sa conservation particulière dans cette vaste source de la salubrité générale. Il se flatte de retrouver des forces dans les flots de cet Océan dont rien ne peut maîtriser la puissance.

Les Grecs, qui, pour donner cours aux vérités les plus pratiques, les cachoient toujours sous quelque fable ingénieuse, en ont consacré deux à la bienfaisante influence de la mer. C'est le sein des flots qu'ils ont choisi pour berceau à leur Vénus Amphitrite; c'est dans l'onde amère qu'ils font plonger Achille pour le rendre invulnérable. Double avis à la beauté qui veut charmer le monde, et à la vaillance, qui prétend l'assujettir. Peut-être auroit-il été aussi utile d'apprendre aux guerriers que le secours des bains de mer leur est souvent plus indispensable au retour du champ d'honneur qu'au moment d'y voler.

La façade des bains du côté de la mer est, à quelques détails près, absolument semblable à celle qui donne du côté de la terre; un large ambuloir part de chaque pavillon, et offre, jusqu'à la plage, une descente douce et facile. Des tentes élégantes, éparses sur le rivage, présentent un refuge commode en allant à la mer, ou en en sortant. Mais une révolution complète s'est opérée dans les personnages qui vivifient la scène. Baigneurs et baigneuses, déjà rappelés par l'identité des

souffrances au sentiment de l'humaine égalité, sont contraints de dépouiller ici
les dernières marques distinctives, les derniers signes extérieurs sous lesquels
ils déguisoient une misère commune. Puissance et foiblesse, richesse et pauvreté,
tout prend un aspect uniforme sous la large robe de laine brune dont chacun
est revêtu; tout se confond et s'abaisse au même niveau devant la terrible majesté
de la mer.

DIEPPE.

VUE GÉNÉRALE DU COTÉ DU NORD.

Le port de Dieppe, inaperçu dans la vue précédente, se présente dans celle-ci sous son plus favorable aspect. Le spectateur est placé sur les falaises qui s'élèvent au-dessus de la jetée de l'Est ou du Pollet. Le pan de rocher qui sert de repoussoir au tableau dépend de ces falaises. De leurs sommités l'œil embrasse le principal bassin du port, aussi bien que l'entrée du chenal. Le quartier qui s'étend à droite, le long de la jetée de l'ouest, s'appelle *le bout du quai;* il est habité par des marins, distincts de ceux du Pollet par une origine et des mœurs différentes. C'est vers l'extrémité de cette jetée de l'ouest que se trouve le pavillon dont Louis XVI voulut doter ce brave Boussard qui avoit arraché de si nombreuses victimes aux périls des naufrages. On s'étonne que ce bâtiment national ne soit pas conservé avec le respect religieux dû à la mémoire du prince et du dévouement généreux qui l'ont fait élever. Sur la jetée opposée, un peu en avant du pont en bois qui la réunit au quai du Pollet, une inscription, gravée sur un marbre, indique la place du débarquement de madame la duchesse d'Angoulême. Derrière la ville, et sur les hauteurs qui la dominent, on reconnoît le château. Le phare d'Ailly s'élance à l'extrémité de la seconde zone de falaises qui apparoissent à l'horizon. Plus près, on distingue l'église de Sainte-Marguerite. Ce petit village a pris un nouveau degré d'intérêt aux yeux des savants par la découverte récente de quelques antiquités romaines, qui semblent en annoncer de plus importantes.

Le principal bassin du port de Dieppe présente à-peu-près la forme d'un parallélogramme. Le faubourg du Pollet en occupe le côté gauche. Les deux autres côtés sont garnis de constructions plus régulières, parmi lesquelles on reconnoît le collége à son fronton triangulaire. Dans le fond on remarque l'enceinte de la bourse, qui est plantée d'arbres, et derrière la bourse les arcades.

DIEPPE.

Nous avons déja signalé l'église de Saint-Remi et la tour de Saint-Jacques. Les deux clochers plus modestes qui s'élèvent sur la gauche sont ceux de l'Hôtel-Dieu et de l'hospice général.

L'ensemble du port de Dieppe se compose, outre le bassin d'avant-port que nous avons sous les yeux, d'une retenue considérable, formée à l'entrée de la vallée d'Arques, et d'un arrière port placé entre le bassin principal et un autre bassin encore inachevé. L'état languissant du commerce maritime à Dieppe n'a point fait sentir jusqu'ici le besoin de cet agrandissement. Peut-être deviendra-t-il nécessaire si l'on exécute enfin le canal, depuis long-temps projeté, qui établiroit entre Dieppe et Paris la communication la plus directe et la plus courte qu'il soit possible d'obtenir.

Si l'on en excepte l'importation des charbons de terre anglois et des bois du nord, la pêche occupe seule à Dieppe une population de marins, qui, après s'être formée à cette pénible école, pourroit être employée avec plus d'avantages pour le commerce et pour l'état. Encore doit-on remarquer avec inquiétude que le nombre des armements diminue chaque année. La pêche du hareng, pour laquelle on avoit armé en 1819 cinquante-sept barques montées par quinze cent neuf hommes, n'a été faite en 1823 que par quarante barques montées par huit cent cinquante-neuf hommes. La pêche du maquereau a décru dans une proportion plus forte encore; on y avoit envoyé en 1819 vingt-six barques montées par sept cent vingt-huit hommes, et en 1823 il n'est sorti pour cette pêche que cinq barques montées par cent quarante hommes. Le nombre des bâtiments faisant la pêche de la morue a été réduit dans le même espace de temps de vingt-quatre à onze. On fait depuis quatre ans à Dieppe un armement pour la pêche de la baleine, dont le succès prouve que ce n'est ni le courage ni l'habileté qui manquent aux marins dieppois.

La fabrication de la dentelle et celle des ouvrages en ivoire sont les deux uniques ressources que l'industrie s'est créée à Dieppe. Le séjour des baigneurs contribue à donner quelque développement à la dernière. Rien n'est d'un travail plus délicat, plus fini que les vaisseaux, les fleurs, les chaînes légères, les boules à jour, et les petites boîtes enveloppées les unes dans les autres, dont sont ornées les élégantes boutiques de la grande rue. Quelquefois aussi le ciseau des ivoiriers reproduit avec goût et fidélité, quoique dans les petites proportions exigées par la matière, les chefs-d'œuvre de la sculpture, ou les traits de ces hommes devenus chers à la postérité par leurs talents et leurs vertus.

DIEPPE.

VUE DE L'INTÉRIEUR DU PORT.

Cette partie détaillée du grand tableau, dont l'ensemble nous a été offert dans la vue précédente, a été dessinée à la marée basse. Le bassin du port est à sec. Les bâtiments gisent enfoncés dans la vase, et les matelots, réunis par groupes, debout, ou nonchalamment étendus sur le quai, s'entretiennent peut-être de leurs dangers passés, en attendant que le retour de la marée les appelle à de nouveaux travaux. Il est facile à leur costume de les reconnoître pour des habitants de ce célèbre faubourg du Pollet, dont la population appelle, à plus d'un titre, l'attention de l'observateur. C'est là en effet que se rencontre une de ces races d'hommes chaque jour plus rares sur notre vieux continent, et dont la physionomie prononcée révèle tout d'abord l'origine première. Malgré l'action du temps et le frottement de la civilisation, on reconnoît encore, dans le Polletais de nos jours, les principales traces de ce caractère aventureux qui poussa les premiers Normands sur des plages qui leur étaient inconnues, et de ce courage indomptable qui soumit à leur puissance toutes celles où ils abordèrent. Tout a un caractère particulier chez le Polletais: ses mœurs, son langage, et son costume, lui sont propres.

C'est à cette pépinière d'hommes de mer, qui s'est conservée sans mélange, et qui admet rarement un sang étranger dans ses alliances, que la marine françoise doit les premières et les plus belles pages de ses annales pendant le moyen âge. Malheureusement il a manqué à la gloire des marins dieppois des historiens qui l'aient consacrée, et à leurs premières entreprises, cette adoption de la puissance qui plus tard a donné tant d'éclat aux découvertes des Portugais et des Espagnols. Les Dieppois avoient déja poussé fort loin leurs expéditions maritimes, que la politique étroite qui régissoit alors la France, comme tout le reste de l'Europe, ne considéroit encore ces entreprises, dont le résultat alloit changer la face du monde, que comme des spéculations particulières exclusivement importantes pour ceux qui avoient l'audace de s'y livrer. Il y a même plus, l'intérêt commercial, et la crainte de voir des rivaux se précipiter dans les voies nouvelles qu'ils s'ouvroient, portoient les armateurs à envelopper leurs découvertes du plus profond mystère. Elles restèrent donc sans aucune illustration, et les journaux que les capitaines tenoient pour leurs patrons furent les seuls écrits dans lesquels se trouvèrent consignés les dates et les détails de ces voyages lointains; mais ces documents, dont on n'a soupçonné le prix que depuis qu'on les a perdus, ont été anéantis avec l'hôtel-de-ville, où ils étoient déposés, par le bombardement de 1694. C'est donc presque exclusivement à des conjectures qu'on en est réduit, lorsqu'on veut écrire l'histoire des marins dieppois. Il est vrai qu'elles ont pris sous la plume d'un habitant de Dieppe la vraisemblance et la force des preuves les plus positives. Il est difficile, après l'avoir lu, de se refuser à reconnoître que dès 1354, c'est-à-dire plus d'un siècle avant la découverte de la Côte-d'Or par les Portugais, laquelle ne date que de 1471, les Dieppois s'étoient frayé la route des côtes de Guinée, où ils avoient formé des établissements que protégeoient les forts du Petit-Paris et du Petit-Dieppe. C'est un fait avoué que la découverte des îles Canaries par Jean de Béthancourt, gentilhomme né dans les environs de Dieppe, et formé à l'école de ses marins. Les voyages du capitaine Cousin ont été entourés d'une moins grande publicité; néanmoins il faut nier leur réalité, ou convenir que ce marin a doublé le cap des Aiguilles et pénétré jusqu'aux grandes Indes en 1490, sept ans avant la célèbre expédition de Vasco de Gama.

Ce n'est pas non plus sans quelque degré de vraisemblance que les annalistes de Dieppe revendiquent pour le même capitaine l'honneur d'avoir touché aux rives de la terre du Maragnon quelques années avant l'expédition de Christophe Colomb. L'examen de leurs inductions à cet égard et celui des circonstances surprenantes dont ils les appuient nous entraîneroient trop loin; les faits non contestés réclament d'abord une place dans les bornes étroites du cadre où nous sommes restreints. Bornons-nous donc à dire que ce sont des marins dieppois, les frères Parmentier, qui découvrirent en 1530 l'île de Fernambourg; que ces mêmes armateurs en étoient, en 1529, à leur second voyage dans les îles de la Sonde, quand l'un d'eux y mourut; qu'en 1524 deux de leurs compatriotes, Gérard et Roussel, abordèrent à la terre de Maragnon, et qu'enfin c'est un Dieppois nommé Ribaud qui en 1562 découvrit la Floride, où il fonda une colonie. Tout le monde sait que, dans des temps plus rapprochés, Dieppe se glorifie d'avoir donné Duquesne à la marine militaire, et presque de nos jours Boussard à l'humanité.

FÉCAMP.

VUE GÉNÉRALE.

Fécamp est le premier port que le navigateur, sorti du Havre, rencontre en longeant les côtes de la Manche dans la direction du nord-est. Le cap d'Antifer, le parc d'Étretat, et le petit mouillage d'Yport, où quelques savants prétendent reconnoître l'emplacement de l'ancien Itius-portus, si souvent cité par Jules-César, sont les seuls points de quelque intérêt qui dans l'intervalle de ces deux ports varient la monotonie de la falaise.

Fécamp forme un contraste frappant avec le Havre. On sent dans cette dernière ville toute la puissance de l'homme; celle de la nature est empreinte avec toute son énergie dans la première. Quand l'histoire laisseroit quelques doutes sur le berceau de l'une, la régularité et la perfection qu'on remarque dans ses immenses travaux annonceroient qu'ils datent d'une époque où les arts avoient atteint un haut degré de développement, tandis que la situation de l'autre révèle des temps où l'homme, encore inhabile à vaincre la nature, cherchoit à s'en faire un auxiliaire et un appui. Le Havre est plus beau, Fécamp plus pittoresque; le Havre peut étaler avec un noble orgueil ses richesses présentes, Fécamp rappeler avec honneur ses antiques souvenirs.

La vue que l'on offre ici est prise du côté du sud. La mer paroît à l'horizon dans l'échappement formé par les hautes collines qui protègent Fécamp à droite et à gauche. La ville s'étend depuis la croupe du coteau de gauche jusqu'au fond de la vallée, dont elle suit les détours; le bassin, où s'en réfléchit une partie, est formé par la retenue du port, qui est inaperçu; un vaste édifice domine le tableau, c'est l'église, ce sont les restes de l'ancienne abbaye de Fécamp.

Les moines, en écrivant l'histoire de leur monastère, ont écrit celle de la ville, qui n'en étoit qu'un des nombreux apanages; mais ils ont entouré l'origine de l'un et de l'autre de tant de miracles, qu'il est difficile de démêler la vérité à travers tous ces prodiges. Le nom de Fécamp a-t-il été formé des mots latins fici campus (champ du figuier), à cause du figuier au pied duquel les légendaires prétendent que l'on trouva une fiole du précieux sang, qui y avoit été déposée par Nicodème; ou bien se compose-t-il des mots fisci campus (champ du fisc), et cette ville fut-elle élevée à la place où César faisoit percevoir les droits qu'il avoit imposés au pays vaincu? C'est ce que les légendaires et les historiens ont une égale difficulté à démontrer. Ces inductions étymologiques ont même quelque peine à se soutenir devant l'orthographe des anciennes chroniques, où cette ville est désignée sous le nom de Fercant.

Il paroît que, sous la première et la seconde race, Fécamp étoit le siège du gouvernement du pays de Caux. On fait remonter à l'an 664 la fondation d'une communauté de religieuses qui précéda celle des bénédictins et dont la dédicace fut célébrée par Saint-Ouen en présence de Clotaire III. En 841 les Normands, dans une de leurs invasions, rasèrent ce couvent. Les vierges saintes qui l'occupoient ne purent échapper aux outrages des vainqueurs qu'en mutilant elles-mêmes leurs charmes. Un siècle plus tard les ducs de Normandie semblèrent prendre à tâche de réparer les maux que leurs aïeux avoient faits à Fécamp, et cette ville devint pour eux l'objet d'une prédilection toute particulière. Ils songèrent même à y fixer leur résidence et leur gouvernement. Guillaume-Longue-Épée y fit bâtir un palais ducal dont les historiens ont vanté la magnificence, mais qui a disparu peu à peu sous la faux du temps et sous les entreprises des moines. Ce fut Richard Ier qui, en fondant l'abbaye, se donna ces dangereux voisins. Le niveau de la révolution a passé à son tour sur les vastes édifices qu'ils avoient élevés avec les débris du palais de leurs bienfaiteurs. Pour être juste, cependant, il faut dire, à la louange des moines de Fécamp, qu'ils ont toujours aimé et protégé les arts. Leur monastère a été trouvé un des plus riches en manuscrits et en tableaux; la beauté de leur musique vocale étoit renommée dans toute la province; et l'on sait qu'ils furent les premiers à introduire les orgues en France, et à mêler les sons harmonieux de ce bel instrument aux solennités religieuses. Leur institut leur imposoit aussi l'obligation de distribuer à chaque pauvre qui se présentoit à la porte de leur monastère, une livre et demie de pain, et ils acquittoient scrupuleusement cette aumône qui, dans les temps de disette, absorboit souvent une grande partie de leurs revenus.

L'église de l'abbaye a presque entièrement conservé son ancienne splendeur;

c'est le seul monument digne de quelque attention que possède Fécamp. Ses halles ne sont remarquables que par leur étendue et leur bonne construction.

Deux jetées pour maintenir le chenal, une baie d'environ douze cents mètres d'ouverture, et une digue établie dans toute la largeur de la vallée, et destinée à soutenir les eaux d'une retenue qui présente trois cent vingt-huit mille deux cents mètres de surface sur quatre ou cinq mètres de profondeur, voilà tout ce qui compose le port de Fécamp. L'art n'a fait en le créant que suivre les indications de la nature, mais il n'en a pas moins rencontré plus d'un obstacle à vaincre, et quelques grands travaux à exécuter. Les eaux des rivières de Ganzeville et de Valmont, qui se réunissent avant de se jeter dans la Manche, avoient en quelque sorte tracé l'entrée du port, qui long-temps même fut réduite à la seule ouverture qu'elles se frayoient vers la mer. C'est pour assurer à cette entrée une largeur constante qu'on a éprouvé des difficultés dont le temps et l'expérience ont triomphé. On crut dans le principe qu'il suffiroit de deux jetées pour l'agrandir; mais on reconnut bientôt qu'on ne parviendroit à repousser la masse de galet qu'y apportoient sans cesse les marées et les vents d'ouest qu'en opposant à ces deux forces si puissantes une autre force non moins active, et ce fut alors qu'on imagina d'établir la retenue. Deux écluses de chasse pratiquées aux deux extrémités de la digue servent, lorsque la mer est haute, à donner accès à l'eau; elles sont fermées ensuite pour n'être rouvertes que lorsque la mer est basse. C'est alors que cet immense volume d'eau, en s'échappant tout-à-coup de son réservoir, repousse le galet dont le port est encombré et l'emporte jusqu'au-delà de la jetée de l'est, où il est livré aux courants de la mer qui l'entraînent vers les côtes de Dieppe.

Le port a la figure d'un parallélogramme; son embouchure est de cinquante mètres entre les jetées. La jetée, située à droite du chenal, en sortant du port, a quatre-vingt-dix mètres de longueur; quoiqu'on l'appelle vulgairement la jetée de l'est, sa direction est ouest-nord-ouest. La jetée opposée, nommée jetée de l'ouest, se dirige de l'est à l'ouest. Établie d'abord en bois, comme la jetée de l'est, on vient de la reconstruire en pierres. La solidité et la beauté de sa construction, ses larges parapets revêtus en granit de Cherbourg, la placent au rang des ouvrages les plus remarquables en ce genre, et font honneur aux talents de M. Frissard, ingénieur, par les soins duquel elle a été achevée.

Le port de Fécamp seroit susceptible de recevoir encore quelques améliorations. On paroît desirer de voir creuser dans l'emplacement des corderies un bassin susceptible de recevoir des bâtiments d'un fort tonnage, et établir, à la

FÉCAMP.

suite de la jetée de l'ouest, un pont de hallage qui faciliteroit l'entrée et la sortie
des navires par les vents de nord-ouest, les plus contraires dans ce port. On
pourroit aussi donner plus d'action aux eaux de la retenue, en remplaçant les
deux écluses de chasse par une seule qui présenteroit quatre ouvertures et qu'on
établiroit précisément en face du chenal. Nous ne parlons pas de la jetée de l'est,
qui est encore en bois, mais qui, à mesure que quelqu'une de ses parties sera
détruite par la mer, sera probablement reconstruite en pierres.

Fécamp semble appeler d'autant plus impérieusement ces divers travaux, que
c'est le port de la Manche qui offre aux bâtiments la plus grande hauteur d'eau.
En haute mer ordinaire elle est de dix mètres entre les jetées, et de six dans le
port. Les navires tirant cinq mètres d'eau ont quatre heures pour entrer et sortir
du port : il n'est pas rare que des bâtiments auxquels on refuse les ports de Dieppe
et du Havre viennent se réfugier à Fécamp ; c'est ce qui est arrivé au navire la
Belle-Angélique commandé par le capitaine Baudin, qui, à son retour des terres
Australes, n'ayant pu entrer au Havre, faute d'eau, vint relâcher à Fécamp.

La pêche est la source la plus féconde des richesses de Fécamp. On arme pour
trois pêches principales dans ce port : pour celles du hareng, du maquereau, et
de la morue. Dès le treizième siècle Fécamp avoit mérité une mention honorable
dans l'énumération gastronomique des villes les plus célèbres par leurs poissons.
On lit dans les proverbes du temps :

> Aloses de Bordeaux.
> Esturgeons de Blaye.
> Congres de La Rochelle.
> Harengs de Fécamp.
> Saumons de Loire.
> Sèches de Coutances.

Le goût des gastronomes et peut-être celui des poissons ont changé depuis cette
époque. Le hareng, qui étoit alors regardé comme un des poissons de mer les plus
délicats, est à peine admis aujourd'hui sur les tables les plus modestes. Le produit
brut de la pêche du hareng ne s'est élevé en 1823 qu'à trois cent soixante-seize
mille francs, tandis que de 1782 à 1789 il n'a pas été moindre de huit cent mille
francs, et qu'il a même passé un million trois cent mille francs.

Le total du produit brut des trois pêches dont on s'occupe à Fécamp égale à
peine maintenant la moindre de ces sommes ; il ne s'est élevé en 1823 qu'à huit
cent quarante-trois mille six cent quatre-vingt-onze francs. Dix bateaux, montés

FÉCAMP.

par vingt-cinq hommes chacun, sont employés à la pêche du hareng et du maquereau; cette dernière occupe en outre cinquante petites barques. On arme dix bâtiments pour la pêche de la morue, qui semble prendre quelque faveur. Sept de ces bâtiments font deux voyages par an.

Les pêches ont été regardées de tout temps comme la meilleure école des matelots, et sous ce rapport elles méritent l'encouragement des gouvernements et celui des peuples jaloux de fonder la prospérité de leur commerce sur la seule base large et durable qu'elle puisse avoir sur la puissance maritime. La pêche de la morue, qui se fait sur les bancs de Terre-Neuve, accoutume les matelots à des voyages de long cours; et celle du maquereau, qui n'est jamais plus abondante que dans les gros temps, les endurcit à la mer et leur apprend à en dompter les fureurs.

Fécamp possède un tribunal de commerce, une bourse, et un entrepôt de denrées coloniales. Les toiles de Caux, qui se vendent dans ses marchés, ne sont pas moins estimées par leur finesse que par leur solidité. Plusieurs filatures de coton nouvellement établies concourent avec la pêche et la fabrication de la soude de Varech à fournir des moyens d'existence à la population de Fécamp, que l'on évalue de huit à neuf mille habitants.

Le voyageur qui promène avec plaisir ses regards sur cette ville est loin de se douter que prochainement peut-être il n'aura plus que des monceaux de ruines à explorer. Une grande partie de Fécamp repose sur des carrières de pierres qu'une imprudente avidité mine chaque jour davantage. Après avoir épuisé les bancs, on attaque aujourd'hui les piliers des voûtes qui soutiennent seuls la ville au-dessus de ces abymes; tout porte à craindre qu'elle ne s'y ensevelisse, si une autorité prévoyante et sage ne se hâte de prendre des mesures que plusieurs accidents graves auroient dû provoquer depuis long-temps, et que l'on est d'autant plus étonné d'attendre encore qu'on ne peut donner, pour excuse de leur retard, les dépenses modiques qu'elles entraîneroient.

FÉCAMP.

VUE PRISE DE L'OUEST.

Nous sommes transportés du sud à l'ouest; nous n'apercevons plus que l'extrémité de la ville qui avoisine la mer. Le port est caché par les maisons; mais les deux jetées, que l'on découvre plus loin, nous en indiquent la route. La jetée la plus proche de nous est celle de l'ouest, l'autre est celle de l'est; une côte aride s'élève au-dessus : c'est la côte de la Vierge. Le souffle rigoureux des vents ne permet point à la végétation d'en couvrir la nudité. Les ruines d'un ancien fort, dont nous aurons occasion de reparler, celles d'un petit ermitage, et une chapelle sous l'invocation de la Vierge, apparoissent seules au-dessus de ses bruyères. Les amours du canton pleurent encore sur les débris de l'ermitage : il étoit autrefois l'objet d'un pélerinage fameux dans toute la contrée sous le nom du Pélerinage des Poulettes. C'étoit là que, dans les premiers jours de mars, les jeunes gens des environs venoient avec leurs prétendues consacrer leurs innocents amours à la Vierge très pure (Virgo purissima). Deux jeunes gens, qui avoient fait ensemble le pélerinage des Poulettes, étoient regardés comme fiancés. On s'y rendoit à cheval, et, comme aux anciens jours, chaque amant portoit sa maîtresse en croupe.

Le moment qu'a saisi le dessinateur est celui où la mer abandonne une partie de ses rivages. Ses vagues affoiblies expirent avec un doux murmure sur la grève. Des pécheurs profitent du calme pour tendre leurs filets. Quelquefois au pied de la falaise on voit aussi les femmes et les enfants des matelots occupés à ramasser et à brûler du varech; c'est ainsi qu'on appelle sur les côtes de Normandie le fucus maritimus : dans d'autres pays on l'emploie comme engrais. Ici les falaises, qui s'élèvent à pic, s'opposent à ce qu'on le transporte dans les terres : on le brûle et on en fait de la soude dont la qualité est assez estimée. Quelques personnes attribuent à cette fabrication la rareté du hareng, que l'on commence à remarquer dans ces parages. Il est incontestable qu'il seroit nécessaire d'y assigner des bornes, s'il étoit vrai, comme on l'assure, qu'en dépouillant les côtes de varech, dans les mois de juillet, août, septembre, et octobre, on enlevât aux petits poissons, qui servent de nourriture au hareng, un abri pour déposer leur frai; mais c'est une observation qui auroit besoin d'être confirmée par l'expérience.

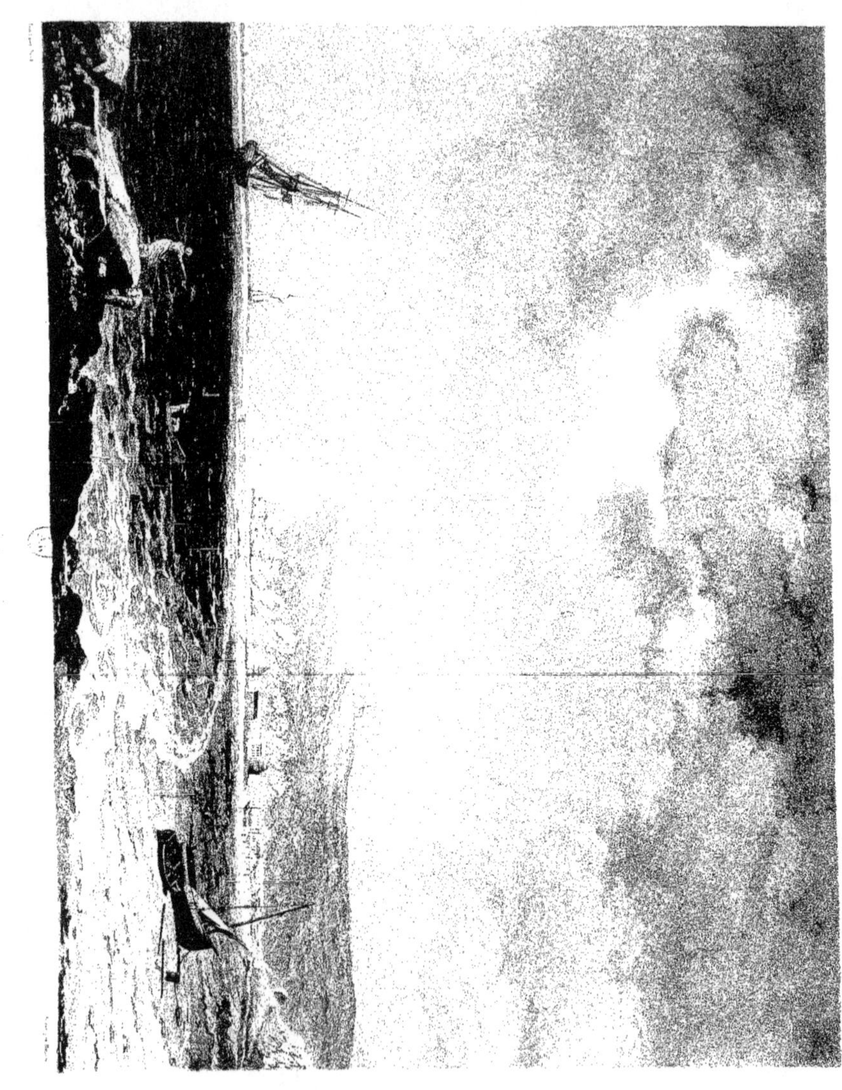

FÉCAMP.

ENTRÉE DU PORT.

C'est sur la jetée d'un port, à l'heure de la marée, que doit se transporter celui qui veut avoir une idée de tout ce qu'il faut d'audace et d'adresse pour aller enlever à la mer ces tributs féconds et variés qui font les délices de la table du riche ou qui bannissent la disette de celle du pauvre. Il ne s'agit encore que de sortir du port; mais le vent et les courants sont contraires, on est obligé de hâler les frêles embarcations sur lesquelles les pêcheurs vont braver tant de dangers. Les femmes et les enfants se joignent à la chaîne de travailleurs, et les aident à fendre la vague écumante. Bientôt la tempête les rappellera peut-être aux mêmes lieux; mais, impuissants spectateurs des périls de leurs époux et de leurs pères, ils ne pourront plus leur offrir que le secours de leurs vœux; ils porteront alternativement leurs yeux mouillés de larmes et leurs mains suppliantes de la mer en fureur vers la chapelle de la Vierge, qui s'élève sur le coteau voisin, ou vers le calvaire qu'une foi grossière, mais vive, entretient toujours avec soin près de ce théâtre de naufrages et de mort.

La jetée de Fécamp est une de celles où ces sombres images se reproduisent avec le plus de vivacité et quelquefois avec le plus d'horreur. Son extrémité semble le point contre lequel la mer dirige de préférence ses efforts. Cette falaise escarpée, qui la domine, ajoute à la sévérité du tableau. L'homme se trouve sur cette jetée entre une mer furieuse et une terre sans rivages. Les mugissements des vagues, qui se brisent avec un fracas horrible sur les débris de falaises amoncelés au pied de la roche, ajoutent encore à son effroi. Cependant un feu brille sur le sommet de la côte; il a été sans doute allumé par quelques marins qui sont venus accomplir leur pèlerinage à la chapelle de la Vierge, et qui sèchent maintenant les habits du naufrage.

FÉCAMP.

C'est tout près de cet endroit, et précisément à pic du bord de la falaise, que s'élevoit jadis une forteresse dont on recherche les vestiges avec cet intérêt qui s'attache toujours aux lieux témoins de quelque action éclatante. A cette époque de fanatisme et d'erreur où la France, partagée en deux partis, déchiroit ses propres entrailles, et opposoit ses enfants à ses enfants, Fécamp avoit embrassé le parti de la ligue : sa forteresse inaccessible sembloit un des derniers asiles où l'on songeroit à la forcer. Un officier du parti du roi, l'intrépide Boisrosé, osa concevoir le projet de se rendre maître de ce boulevard inexpugnable ; c'est du côté même où l'ennemi se confie dans les obstacles que la nature a multipliés sous ces remparts qu'il dirigera son attaque. Il a fait choix de cinquante hommes bien déterminés qu'il place sur deux barques. Arrivé au pied de la falaise à la faveur d'une nuit profonde et de la basse mer, il fait entendre un signal timide auquel un soldat du fort, qu'il a mis dans le complot, répond en laissant tomber un cordeau ; Boisrosé s'en saisit et y attache un câble armé de nœuds et de bâtons que le soldat enlève et assujettit fortement à l'embouchure d'un canon. C'est à l'aide de ce lien fragile que les cinquante héros se fraient un chemin vers le fort. Leurs armes attachées autour du corps, ils s'y suspendent tour-à-tour, et Boisrosé, pour s'assurer que personne ne l'abandonnera, monte le dernier. Déja, grace à des efforts inouïs, et malgré le souffle de la tempête qui balance dans l'espace cette colonne aérienne, ils sont parvenus jusqu'à la moitié du câble ; mais un murmure de découragement, échappé à celui qui ouvre la marche, vole de bouche en bouche et parvient jusqu'à Boisrosé. Cependant les heures se sont succédé, l'aurore va bientôt paroître, et les flots accrus mugissent sur la rive où l'on avoit abordé. Boisrosé s'indigne, moins pourtant de n'avoir plus de moyens de retraite, que de se voir forcé d'abandonner son audacieuse entreprise : furieux, il gravit sur le corps de ses compagnons, parvient jusqu'à celui qui a fait entendre un cri de désespoir, et le menace de le poignarder s'il recule. Cet acte de vigueur ranime tous les courages ; on recueille ses forces pour une dernière tentative, et au point du jour toute la troupe a pénétré dans le fort, dont la garnison, frappée de stupeur et d'effroi, se laisse égorger sans défense.

ROUEN.

L'origine de la ville de Rouen est aussi incertaine qu'obscure. Les auteurs qui ont écrit son histoire en puisant leurs recherches dans l'antiquité offrent entre eux tant de contradictions, que, sans vouloir entreprendre la tâche difficile de les mettre d'accord, sans essayer d'entrer dans cette foule de conjectures qui servent aux uns d'arguments, aux autres de réfutations, on se permettra d'avancer qu'il paroît qu'au troisième siècle cette ville, sous l'empire d'Aurélien, ne comptoit qu'une seule rue placée sur l'un des bords de la Seine. Assujettie par Clovis, exposée aux ravages des Normands sous ses successeurs, pillée en 908 par Briez un de leurs capitaines, conquise enfin par les armes du fameux Rollon l'un de leurs chefs les plus redoutables ; c'est à dater seulement de cette époque qu'elle acquit l'importance qui la plaça par la suite au premier rang des villes de la Neustrie.

Cependant les incursions continuelles des barbares dans plusieurs parties de la France compromettoient le salut de la monarchie tout entière. Déjà leurs flottes avoient porté la désolation sur les rives de la Seine ou de la Gironde ; déjà les moissons détruites, les villes saccagées, la profanation des monuments religieux, n'indiquoient que trop une nouvelle irruption de Vandales, lorsque le foible monarque qui régnoit à Paris voulut acheter à tout prix la tranquillité que son bras ne pouvoit lui conquérir.

Rollon fut le premier qui reçut des propositions pacifiques ; non seulement Charles-le-Simple lui abandonna la Neustrie ; non seulement il légitima par cet acte de foiblesse l'invasion de cette province, mais il crut donner à cette négo-ciation un caractère plus solennel en offrant à son adversaire la main de sa fille Giselle. Celui-ci, flatté d'un si grand honneur, voulant d'ailleurs mériter, par une espèce de condescendance aux desirs de Charles, les faveurs dont on l'accabloit, adopta la foi chrétienne en échange d'un trône qu'il ne reçut cependant qu'à la condition de fief et hommage.

Rollon ou Robert, premier duc de Normandie, après avoir reçu le baptême à

ROUEN.

Rouen des mains de l'archevêque Franco; après avoir établi sa cour dans cette ville dont il agrandit considérablement l'enceinte, ne s'attacha plus qu'à jouir en paix du fruit de ses conquêtes. A cet effet il institua des lois sévères, sous l'égide desquelles il établit les droits respectifs des différents corps de l'état. Leur influence sur les mœurs de ses sujets eut même de si prompts résultats, que l'on vit cesser immédiatement les désordres affreux auxquels les soldats se croyoient autorisés par l'abus de la victoire.

Sous le règne du sixième duc, Robert-le-Diable, une horrible famine, dont la Normandie fut le théâtre principal, fit succéder aux désastres de la guerre des désastres non moins cruels. Les détails en sont déchirants, les ravages qu'ils constatent furent si considérables, qu'ils diminuèrent la population de Rouen d'une manière sensible. « On en étoit réduit, dit un ancien historien, à se nourrir des cadavres que le découragement abandonnoit sur la voie publique, tous les liens de famille étoient méconnus : la raison, la piété, l'humanité même, s'enfuyoient épouvantées à la vue des meurtres et des attentats de toute espèce à la faveur desquels on se disputoit les aliments les plus abjects. » Enfin ce fléau s'apaisa; l'abondance vint succéder à la disette, la morale à la démoralisation dans une ville qui, naguère accablée sous le poids de ses infortunes, devint sous le règne de Guillaume-le-Conquérant aussi florissante qu'elle avoit été malheureuse.

La cour de Normandie étoit célèbre alors par l'accueil qu'on y faisoit aux chevaliers renommés par leur courage: c'étoit une arène illustre où venoient se signaler ces nobles partisans des entreprises aventureuses. Aussi, dès le premier bruit d'une descente en Angleterre méditée par Guillaume, une foule de guerriers accoururent de toutes parts pour se ranger sous ses bannières. Ce prince, qu'un prétendu testament d'Édouard-le-Confesseur appeloit à la couronne, moins fort de la validité de ses droits que de la valeur des soldats qu'il commande, s'élance à leur tête sur les rivages britanniques, disperse ses ennemis dans la fameuse bataille d'Hastings, marche sur Londres avec rapidité, s'empare de cette capitale, y plante l'étendard des Normands dont les cris de victoire retentissent pour la première fois sur les bords de la Tamise. Quelques démêlés avec ses voisins vinrent, il est vrai, troubler de temps en temps la jouissance d'une conquête aussi belle; mais ces légers nuages, aisément dissipés par son courage, loin d'obscurcir les rayons de sa gloire, les firent en quelque sorte ressortir avec plus d'éclat; enfin vainqueur de tous les obstacles, il parvint à assurer à la Normandie un brillant avenir de puissance et de prospérité publique. Parmi les ducs qui régnèrent en-

core sur cette province en occupant le trône d'Angleterre, on distingue parti-
culièrement Henri II, surnommé Plantagenet, Richard Cœur-de-Lion, aussi
célèbre par sa bravoure que par ses longs malheurs, et Jean-sans-Terre son
douzième et dernier duc qui, pour assurer ses usurpations, assassina lâchement
le jeune Arthur, son neveu et le seul héritier de cette couronne. Ce crime ne resta
pas long-temps impuni; le roi Philippe-Auguste se chargea d'apaiser la vindicte
publique en assignant, à la requête de la mère du jeune prince, le meurtrier
devant la cour des Pairs. Celui-ci, n'ayant point osé se présenter devant des juges
aussi redoutables, vit confisquer la Normandie au profit du roi de France dont
les troupes entrèrent aussitôt en campagne pour appuyer ses prétentions. Rouen,
mal approvisionné, attaqué subitement par des forces supérieures, fit une résistance d'autant plus foible, que, Philippe lui garantissant le maintien de ses
priviléges, il étoit de son intérêt d'ouvrir ses portes à ce nouveau maître. Depuis,
cette province donnée quelquefois en apanage soit aux Dauphins, soit aux princes
du sang, n'a jamais été séparée du domaine de nos rois.

Sous le règne de Charles V, dit Le Sage, ce pays devint un foyer de dissensions et de révoltes. Le peuple de Rouen, entraîné par un caractère inquiet et
turbulent, et cédant d'ailleurs au torrent des séditions qui ravageoient la France
à cette époque, s'assemble, à l'exemple des Parisiens, sur les places publiques,
pour procéder à l'élection d'un roi. Un simple bourgeois, qui ne s'attendoit
guère à devenir l'objet d'une distinction aussi dangereuse, fut, malgré ses refus
et ses supplications, le héros d'une cérémonie, dans laquelle il se trouva, comme
l'imbécile Claude, revêtu en dépit de lui-même de la pourpre royale. Mais ce
monarque impromptu, connoissant bientôt par expérience tout le fardeau des
grandeurs souveraines, ne voulut pas du moins être écrasé dans leur chute.
Aussi, quelques instants après son couronnement, au moment, où chacun le
croyoit occupé du bonheur de ses sujets ou du sien propre, il s'éclipsa tout-à-
coup pour cacher dans la fuite un front tout froissé du poids de la couronne. Ni
les perquisitions les plus sévères, ni les récompenses les plus belles, ne purent
faire découvrir la retraite dans laquelle ce déserteur du trône resta si bien caché, qu'il ne reparut que long-temps après sur le théâtre de son triomphe éphé-
mère. Cependant le peuple, profitant de l'anarchie occasionée par ce singulier
interrègne, ne voulut pas imiter les scrupules d'un maître si désintéressé. Abbayes, maisons particulières, établissements publics, tout devint la proie du
pillage, sans en excepter l'opulent monastère de Saint-Ouen qui fut plus spé-

cialement chargé de payer les frais de ce passe-temps populaire. L'approche du roi légitime vint enfin calmer cette effervescence, sans pouvoir réparer toutefois les maux qui venoient d'en être la suite.

En 1418 Henri V, roi d'Angleterre, prétendant avoir droit à la couronne de France, s'avança pour soutenir ses droits avec une flotte de quinze cents vaisseaux, s'empara de la Basse-Normandie avec une si grande facilité, que Rouen fut bientôt assiégé par les troupes angloises. Cette ville bien fortifiée étoit en état de faire une longue résistance, mais, environnée de toutes parts d'ennemis vigilants qui ne permettoient aucune sortie pour la ravitailler, les ressources manquèrent promptement à ses braves défenseurs qui se trouvèrent réduits à la plus grande extrémité. Dans cette circonstance où le désespoir étoit seul écouté, les Rouennois avoient déja pris la détermination d'incendier la ville, et de s'ouvrir ensuite, le fer à la main, un passage dans les rangs ennemis; lorsque Guy le Bouteiller, gouverneur de la place, résolut de prévenir cette tentative en instruisant le roi d'Angleterre de ce projet héroïque. Ce prince, surpris de la fermeté de ses ennemis, persuadé d'ailleurs qu'un courage aveugle devient souvent indomptable, accorda une suspension d'armes, et négocia le rachat des biens appartenant aux assiégés moyennant 345,000 écus; mais en exigeant que trois des principaux habitants de la ville fussent mis à sa discrétion. Le sort désigna trois citoyens aussi recommandables par leur courage que par leur sagesse dans les conseils. Déja les victimes se préparoient à la mort et se disputoient l'honneur de recevoir les premiers coups, lorsque la puissance de l'or vint en arracher deux au supplice, en réservant à la misère du troisième la gloire de braver seul la fureur de ses ennemis. Alain Blanchard, c'étoit son nom, offrit sa tête avec une fierté courageuse à ses lâches bourreaux; cependant, avant de recevoir le coup mortel, il eut au moins la satisfaction de flétrir à jamais leur odieux triomphe par ces paroles mémorables. « Je suis pauvre, s'écria-t-il, mais les richesses ne me feroient rien donner pour empêcher un Anglois de se couvrir d'infamie. » Le lendemain de ce jour funeste, Henri fit son entrée dans la capitale de la Normandie qui retomba un moment au pouvoir de ses anciens maîtres, deux siècles après sa réunion à la France.

Le monarque Anglois, ayant remporté de nombreux avantages sur les troupes françoises, plaça le malheureux Charles VI dans la nécessité de le déclarer héritier de la couronne au détriment de son propre fils. Cette disposition, à la mort de ces deux monarques, plongea le royaume dans une guerre sanglante soutenue.

d'une part, par le duc de Bethford, tuteur du jeune Henri, de l'autre, par le galant Charles VII, auquel il ne restoit plus que les provinces méridionales. Ce dernier néanmoins se prépare à reconquérir ses droits, se fait reconnoître par les sujets qui lui étoient restés fidèles, et se rend à Poitiers pour la cérémonie de son couronnement. Le séjour de cette ville où se succédoient les fêtes et les plaisirs de toute espèce auroit amolli la jeunesse de Charles, et compromis la couronne de ce monarque, si la voix d'Agnès Sorel ne l'eût enfin retiré de sa léthargie pour l'entraîner sur les champs de bataille. Mais ses premières armes furent constamment malheureuses; le découragement s'empara de ses troupes; un esprit de vertige ou d'impéritie sembloit présider à toutes ses résolutions et rendre sa cause désespérée, quand, sous les auspices du chevalier Dunois, la valeureuse Jeanne d'Arc parut soudain à la cour. Le feu de ses regards, sa démarche guerrière, son ton inspiré, ses déclamations prophétiques, changent bientôt la foiblesse en vigueur, l'abattement en intrépidité : tout s'anime à sa voix, tout s'embrase d'une ardeur surnaturelle; les soldats françois surprennent les ennemis, les attaquent, les pressent, les dispersent, leur font lever le siège d'Orléans sous la conduite de l'héroïne de Vaucouleurs, qui voit enfin sacrer son roi dans la cathédrale de Rheims. Pourquoi les chances de la fortune devoient-elles trahir sa vaillance? Pourquoi le temps étoit-il arrivé où ses destinées devoient s'accomplir, où la pucelle alloit terminer dans les malheurs une vie dont l'aurore avoit été si belle? Blessée au siège de Compiègne par les soldats du duc de Bourgogne, forcée de se rendre, remise à Jean de Luxembourg, qui la vendit lâchement aux Anglois, Jeanne d'Arc fut conduite à Rouen, et traînée devant des juges qui la condamnèrent à garder, dans la tour de Bouvreuil, une éternelle captivité. Cet indigne jugement dicté par la rage des vaincus auroit dû satisfaire la vengeance du duc de Bethford, s'il n'avoit voulu laver la honte dont ses armes étoient couvertes dans le sang d'une rivale enchaînée. Aussi d'autres juges, tous venus d'Angleterre à sa voix, cassèrent la première procédure, et condamnèrent leur victime au supplice des flammes, sans être touchés de sa valeur, de sa jeunesse, ou de sa résignation. Une vieille chronique de ce temps raconte ainsi les détails de son exécution. « Dès qu'elle fut de tous jugée à mourir et fut liée à une estache qui « estoit sur l'eschaffault fait de plastre et le feu sur lui. Et là fut bientôt estouffiée, « et sa robe toute arse, et puis le feu fut tiré arrière, et elle fut veue de tout le « peuple toute nue et tous les secrets qui peuvent estre ou doivent estre en femme « pour oster les doubtes, et quand ils l'eurent assez veue toute morte liée à l'es-

« tache, le bourel remit le feu grand sous sa panvre charrongne, qui tantôt fut
« toute comburée et os et char mis en cendres. » Non seulement le pape Calixte III
dans une bulle de 1454 nomma des commissaires pour réviser la procédure, non
seulement la ville d'Orléans érigea une statue à sa libératrice, Rouen voulut encore expier, autant qu'il étoit possible, l'atrocité du forfait qui venoit de souiller
ses murs, en faisant élever sur le lieu même de son martyre une fontaine aussi
remarquable par la pureté de ses ornements que par l'élégance de ses proportions. Elle étoit à double étage, et représentoit cette femme courageuse d'abord
recevant son épée des mains de Charles VII, puis plaçant elle-même sur le front
de son roi la couronne que cette épée lui avoit conquise. Ce monument, l'un
des plus beaux ornements de la ville, détruit par la main du temps, a été recon-
struit sur un autre plan par les soins généreux de l'hôtel-de-ville.

Déjà Charles VII et ses généraux avoient remporté de brillants avantages sur
les ennemis; la plupart des villes de Normandie voyoient flotter les fleurs de lys
sur leurs remparts; Rouen, seule, occupée par le duc de Sommerset, Talbot, et
plusieurs seigneurs de distinction, tenoit encore contre les frères d'armes de la
pucelle, qui la sommèrent de se rendre. Le peuple, que des souvenirs récents
attachoient à ses souverains légitimes, qui d'ailleurs commençoit à trouver trop
pesant le joug de ses oppresseurs, s'assemble aussitôt sous les ordres de l'archevêque Rodolphe Roussel pour forcer le duc de Sommerset à capituler. Celui-ci,
peu satisfait des conditions qu'on vouloit lui imposer, s'empare avec Talbot du
vieux palais et du fort Sainte-Catherine dans lesquels ils auroient pu long-temps
tenir en échec leurs nombreux adversaires, si la disette, jointe à la supériorité de
l'artillerie françoise, ne leur avoit fait demander une capitulation. Par suite de
cette convention Rouen fut non seulement remise à son souverain légitime, mais
les assiégés s'engagèrent en outre à payer une somme de 50,000 écus pour leur
rançon en laissant les premiers généraux de leur armée comme otages de ce traité.

Charles VII, paisible possesseur de la Normandie, ne pensa plus qu'à goûter
au milieu des délices de sa cour le repos dont il éprouvoit le besoin après une
vie agitée par cent combats. Rouen, théâtre de tous ses plaisirs, de toute sa magnificence, fut redevable à son administration paternelle de l'abondance qui
reparut au milieu de ses habitants. Mais le règne de Louis XI vint bientôt mettre
un terme à cette félicité. Ce monarque, accoutumé à traiter son royaume en
pays conquis, à pressurer alternativement le peuple et la noblesse, à remplacer
le courage par l'astuce, la vigueur par la cruauté, poussa si loin le mécontente-

ment général, que le trouble et l'insurrection éclatèrent de toutes parts. Les
confédérés mirent sur pied une armée formidable. Le duc de Berri, qui la com-
mandoit, donne à la révolte une plus grande activité, surprend le roi sans défense, et lui dicte des conditions auxquelles ce rusé monarque feint un instant
de se soumettre. Instruit plus tard que son frère, enhardi par cette fausse mesure,
s'étoit fait reconnoître duc de Normandie, sans son consentement, Louis XI fond
sur ses troupes à l'improviste, les disperse avec vigueur, et s'empare de la ville
de Rouen, dans laquelle, après une campagne aussi courte, il fait son entrée
le 10 janvier 1466. Les habitants de cette cité, principaux moteurs de la sédition, furent cruellement punis de leur dévouement à la cause des révoltés. La
mort d'un grand nombre d'entre eux, tous massacrés sans jugement, jeta l'é-
pouvante dans cette province, en lui faisant sentir que la vengeance du roi pour
être tardive n'en étoit pas moins implacable.

Le génie des dissensions planoit encore sur ce malheureux pays. Le flambeau
de la réforme allumé par des mains ambitieuses devoit porter par-tout la désolation en tarissant les sources de la prospérité publique. Des deux côtés le fanatisme alluma une fureur égale dans les cœurs; des deux côtés la guerre prit ce
caractère d'acharnement propre aux querelles religieuses, mais que la prise de
Rouen par les calvinistes rendit encore plus déplorable. A cette nouvelle la cour
de France résolut d'employer les mesures les plus vigoureuses pour détruire la
sédition dans ses premières racines. Les rebelles soutenus par les Allemands,
l'argent et les troupes d'Élisabeth, font aussi des préparatifs formidables. Une
armée catholique sous les ordres d'Antoine de Bourbon et du duc de Guise se
met aussitôt en marche : la Normandie est envahie; la rébellion se retire dans son
foyer principal : les catholiques l'y poursuivent sous les murs de Rouen, dont ils
pressent le siége avec une ardeur infinie. Catherine et son fils accourent en même
temps assister aux événements qui se préparent. Toutes les dames de la cour les
accompagnent; toutes encouragent par leur présence la valeur des assiégeants en
distribuant sous les remparts des couronnes aux vainqueurs dans ces joutes
odieuses. Cependant les ressources des huguenots diminuoient sensiblement;
le fanatisme, après avoir enflammé leur courage, ne jetoit plus dans leurs cœurs
qu'une ardeur incertaine, affoiblie d'abord par la prise d'assaut des forts Sainte-
Catherine et Saint-Michel et ensuite par la nouvelle du massacre de leurs garni-
sons. Enfin, après cinq semaines de siége, après trois tentatives que le désespoir
des assiégés rendirent infructueuses, Rouen fut emportée, livrée au pillage, aux

meurtres, aux réactions, triste prélude des horreurs que cette guerre sacrée entraîna après elle. Dix des principaux habitants furent les victimes les plus remarquables de la vengeance des catholiques, dont les principaux prisonniers au pouvoir du prince de Condé, maître alors d'Orléans, furent également égorgés. Si l'on ajoute à ce tableau des fureurs de la guerre civile le souvenir des attentats que la Saint-Barthélemi vit commettre encore dans cette ville; si l'on rappelle à sa mémoire les divers événements dont le règne de Henri III offrit le déchirant spectacle, on concevra sans peine que le cahier des doléances, dans une assemblée tenue à Rouen, ait offert pour les règnes de François II, de Charles IX, et du dernier des Valois, un relevé de quarante-cinq mille huit cent neuf individus exécutés ou massacrés comme hérétiques dans la seule étendue du diocèse relevant de cette métropole.

Henri IV, au commencement de la guerre qu'il eut à soutenir contre ses propres sujets, ayant joint aux forces du duc de Montpensier celles qu'Élisabeth et les Provinces-Unies lui avoient envoyées, vint assiéger Rouen à la tête d'une puissante armée. A sa nombreuse garnison, au concours d'une population embrasée des fureurs de la ligue, cette ville joignoit encore le secours d'un chef aussi vaillant qu'habile, Brancas de Villars, amiral des flottes du précédent monarque. Ce guerrier, connoissant toute l'intrépidité de son adversaire, augmenta ses mesures de défense par l'incendie des faubourgs, sur les débris desquels, il éleva, comme par enchantement, des ouvrages formidables. Le courage de la garnison du fort Sainte-Catherine, l'active vigilance du peuple, les sorties vigoureuses de son chef infatigable, multiplioient déjà tous les obstacles, lorsque la fureur fanatique d'un curé de campagne vint ajouter encore un nouveau degré d'exaltation à leur valeur et à leur désespoir. Mais que pouvoit leur vaillance contre les attaques incessamment répétées de leurs ennemis; que pouvoit l'insuffisance de leur nombre contre les milliers d'assaillants qui les accabloient de toutes parts: chaque jour augmentoit l'étendue de leurs pertes, chaque victoire leur préparoit une défaite que la mort du curé et celle de la fleur de la noblesse moissonnée sur les remparts rendoit de plus en plus imminente. Déjà les Hollandois, exercés par une longue guerre dans l'habitude des sièges, s'étoient emparés de plusieurs postes; déjà l'intrépide d'Essex, à la tête de ses Anglois, avoit pénétré dans une tranchée élevée sous la protection du fort Sainte-Catherine; déjà le roi de Navarre l'avoit reconquise sur Villars, qui s'en étoit emparé de nouveau, lorsqu'il apprit tout-à-coup que le prince de Parme venoit à la tête de trente mille soldais arrêter le succès de ses armes. Tout est perdu pour Henri s'il ne soutient devant un tel rival l'éclat de sa réputation; tout lui commande d'attaquer un ennemi que l'irrésolution peut enhardir; aussi le monarque, après avoir laissé la conduite du siége au maréchal de Biron, accourt dans les champs d'Aumale pour se mesurer avec les Espagnols. Atteindre l'ennemi, l'attaquer avec fureur, enfoncer ses bataillons, les poursuivre avec prudence, fut pour Henri l'affaire d'une journée, dont les résultats découragèrent tellement les ligueurs, qu'ils n'osèrent plus l'empêcher de venir reprendre devant Rouen ses premières opérations. Mais tout avoit bien changé pendant son absence : son panache blanc n'étoit plus là pour guider ses soldats sur la brèche, et son bras manquoit pour contenir les attaques du terrible Villars. Celui-ci, par des sorties habilement ménagées, avoit surpris Biron, dispersé ses troupes, porté la flamme et le carnage jusque dans ses retranchements. Biron, blessé grièvement, avoit perdu six pièces de canon et la confiance inspirée par l'habitude de la victoire, en sorte que Henri se trouva dans la nécessité de lever le siége d'une ville où Mayenne et le duc de Guise vinrent chercher plus tard un refuge contre ses armes. Ce ne fut qu'après la conversion du roi, qui amena la reddition de la capitale du royaume, que Rouen, influencé par l'exemple de la France entière, subjugué par les conseils de Sully plus que par les armes du roi de France, ouvrit enfin ses portes au guerrier qu'elle avoit si glorieusement combattu.

Le fameux édit de Nantes, accordé en 1598 aux calvinistes, fit sentir dans la Normandie son heureuse influence. De toutes parts les protestants, que la fureur des guerres civiles avoit forcés dans le principe à chercher un refuge soit dans les camps de leurs coreligionaires, soit dans les pays étrangers, rentrèrent en foule dans le sein d'une patrie qui leur tendoit les bras. Cette mesure, dictée par une sage politique, produisit dans la Normandie un bien incalculable, d'abord en rapprochant les esprits divisés, ensuite en ramenant dans la ville de Rouen des hommes dont l'industrie déploroit l'exil.

La reine mère, Marie de Médicis, ayant été reléguée à Blois par son fils, qui lui retira le gouvernement de la Normandie en lui donnant celui d'Anjou, se plaignit de sa disgrace aux plus grands seigneurs de la cour. Plusieurs, séduits par ses intrigues ou par ses promesses, embrassèrent hautement sa défense. Les ducs de Longueville, de Vendôme, et de Soissons, montroient même des dispositions menaçantes; le peuple dans plusieurs circonstances avoit aussi secondé leurs projets, lorsque Louis XIII résolut d'étouffer les germes de cette fièvre

séditieuse en marchant sur Rouen, où s'en étoient déclarés les premiers symp-
tômes. A son approche, le duc de Longueville s'enfuit avec ses partisans, laissant ainsi le roi de France paisible possesseur d'une conquête facile. Cependant en 1639 le parlement de cette ville, n'ayant pas étouffé une émeute populaire occasionée par l'enregistrement des édits bursaux, devint l'objet de la
sévérité du monarque, qui se contenta néanmoins d'interdire momentanément
cette compagnie; Richelieu, contre lequel le mécontentement avoit été spécialement dirigé dans cette circonstance, fut pour beaucoup dans cet acte de rigueur.

Il y eut bien encore quelques troubles pendant la minorité de Louis XIV; les
ducs de Condé, de Conti, unis au duc de Longueville, mécontents du cardinal
Mazarin, essayèrent de fomenter quelques troubles dans cette province; mais
Anne d'Autriche surmonta cette opposition en faisant détenir au Hâvre-de-Grace
ses imprudents auteurs. En vain la duchesse de Longueville, pour opérer un
mouvement en faveur des captifs, tâcha-t-elle de faire éclater la révolte en
Normandie; en vain Rouen fut-il égaré quelques instants par des machinations
factieuses; Anne, secondée par la politique astucieuse du cardinal, déjoua les
projets de ses ennemis, auxquels elle ôta cependant tout sujet de plaintes nouvelles en faisant relâcher les illustres prisonniers du Hâvre.

Depuis ce temps Rouen, quelquefois inquiété par de légères oscillations, conséquence inévitable des événements qui bouleversent les états, n'a jamais éprouvé
de grandes commotions politiques; protégé par la sagesse de ses magistrats, autant que par la modération de ses habitants, il a pu traverser les orages de la
révolution sans prendre part aux excès odieux qui signalèrent son règne.

La ville possédoit autrefois un grand nombre d'édifices remarquables, bien-
fait de la piété de ses archevêques ou de la magnificence de ses princes; mais la
révolution et l'industrie ont renversé, ou destiné à des usages utiles, ceux que
la puissance des siècles avoit respectés. Il en reste pourtant suffisamment pour
occuper l'attention publique. C'est ainsi que l'on remarque encore la cathédrale,
étonnante par ses proportions colossales et qui l'étoit sur-tout par la légèreté de
sa flèche aérienne malheureusement renversée par la foudre; l'église de Saint-
Ouen, sa brillante rivale, qui semble avoir épuisé la gracieuse fécondité de l'architecture sarrasine; Saint-Macloux, célèbre par ses bas-reliefs autant que par la
délicatesse des ornements de son portail; Saint-Godard, Saint-Vincent, ainsi
qu'une foule d'autres églises intéressantes par leur architecture ou par l'antiquité
de leur origine.

Outre ces monuments religieux, il existe des bâtiments considérables destinés à des usages civils ou commerciaux; tels que l'hôpital, un des plus beaux et des mieux servis qu'il y ait en France, les halles renommées par leur vaste étendue, la douane enrichie d'un fronton sur lequel on remarque un Mercure sculpté par Coustou, des casernes magnifiques, deux bourses, dont l'une est connue sous le nom des *Consuls*, et l'autre, située sur le quai, est plantée d'arbres, et offre une promenade agréable aux habitants de la ville, enfin un palais de justice destiné d'abord aux séances de l'échiquier, et consacré dans la suite aux assemblées du parlement de la province. Ces différents édifices, presque tous placés dans des rues étroites, défigurés d'ailleurs par les masures ignobles qui en obstruent les abords, perdent beaucoup de leur majesté première; mais il faut espérer que cet entourage de mauvais goût disparoîtra à mesure que Rouen verra s'étendre ses limites, et que l'administration saisira avec empressement un moyen aussi facile d'embellir cette intéressante capitale.

Dans une cité spécialement vouée aux spéculations industrielles, la littérature ou les beaux-arts ne devroient pas obtenir de nombreux suffrages; cependant on y trouve, indépendamment d'une bibliothèque et d'un muséum remarquables par les richesses qu'ils renferment, plusieurs sociétés d'hommes de lettres, ou d'amis des arts et de la prospérité commerciale. Ces réunions, connues sous des noms différents, sont néanmoins confondues dans un seul but, celui de rivaliser de zèle ou d'activité pour répandre ou faire fructifier les connoissances diverses dont elles sont les généreuses tutrices; toutes distribuent dans leurs fêtes annuelles des prix à ceux qui signalent leurs travaux par des productions soit utiles, soit agréables; toutes enfin, par des stimulants accordés au génie, cherchent à continuer la série des hommes illustres que leur ville a vus naître. Les deux Corneille, Fontenelle leur neveu, le père Noël, le jurisconsulte Basnage, l'orientaliste Samuel Bochard, Desfontaines, Jouvenet, etc., sont ceux dont on signale le plus fréquemment les noms à l'émulation dans ces solennités académiques. Deux théâtres, chargés de représenter les chefs-d'œuvre de nos grands maîtres, secondent de tous leurs efforts ces précieuses institutions; en offrant une source féconde où la jeunesse de Rouen, tout en épurant son goût, vient puiser ces inspirations qui la rendent si fière du passé, si intéressante pour l'avenir.

ROUEN.

VUE PRISE DU COURS.

Les promenades ne manquent point à Rouen, indépendamment des boulevards du Cours-Dauphin et de la belle avenue du Mont-Riboudet, il existe encore un endroit public appelé Cours-la-Reine en possession d'attirer les promeneurs sous les ormes qui l'embellissent. Ce beau Cours, situé à l'extrémité du faubourg Saint-Séver, le long de la rive de la Seine opposée à la ville, offre d'un côté la vue du port et des embarcations qui sillonnent le fleuve, et de l'autre étale aux regards une suite de prairies délicieuses coupées seulement par quelques jolis villages. C'est un véritable Panorama où les édifices les plus remarquables se déploient dans toute leur magnificence. C'est de ce point de vue que l'on découvre, avec le plus d'avantage, la cathédrale dont la fondation première est attribuée à saint Mélon. Cet antique monument, dont l'enceinte fut considérablement agrandie par les soins du fameux Rollon, finit par être placé sous l'invocation de la Vierge lors de son entier achèvement. Tel qu'il est de nos jours, il remonte à peine au onzième siècle; mais, malgré les styles de différents âges qui composent son architecture; malgré les altérations que la main du temps ou des restaurations mal entendues lui ont fait éprouver, son ensemble est néanmoins d'un caractère sévère et religieux. En effet, soit qu'on considère sa masse imposante, soit que l'œil s'égare dans la variété gothique des ornements sculptés sur sa façade, ou s'élance au sommet de son portail qu'accompagnent deux tours majestueuses, on trouve par-tout un égal sujet de surprise et d'admiration. C'est principalement à l'aspect de sa flèche que l'on éprouvoit ce dernier sentiment avec plus de force; mais la foudre a renversé cette construction hardie, qui de plusieurs lieues à la ronde signaloit aux regards des hommes ce temple digne d'être consacré à la Divinité. La hauteur de ses voûtes, la légèreté des piliers qui la soutiennent, la profondeur mystérieuse de ses bas côtés, ne sont pas indignes des

beautés qui la distinguent en dehors. Aussi remarquable maintenant par sa simplicité qu'elle l'étoit autrefois par son opulence, cette métropole, malgré la nudité qu'elle laisse apercevoir dans quelques parties, augmente, par le souvenir
même de ses anciennes richesses, l'intérêt que l'on porte aux débris précieux
qu'elle possède encore. C'est ainsi que de simples marbres tumulaires couvrent
aujourd'hui les cendres de Richard Cœur-de-Lion, de Henri III, du duc de Bethford, renfermées jadis dans de vastes mausolées; mais la chapelle de la Vierge
possède d'autres restes d'une magnificence plus moderne et propres à consoler
l'ami des arts des pertes qu'il déplore. Deux tombeaux élevés en l'honneur du sei-
gneur de Brezé, et des cardinaux d'Amboise, attirent l'attention par leur magnificence. Le premier de ces monuments, où l'on remarque sur-tout la figure nue
du sénéchal, se distingue par une exécution si pure, si harmonieuse, que l'opinion commune en a fait honneur au ciseau du fameux jean Goujon, comme
d'un titre puissant à l'illustration de sa mémoire; le second, établi sur de belles
proportions, enrichi d'une infinité de figures d'une extrême délicatesse, sup-
porte deux statues représentant les cardinaux d'Amboise dans l'attitude d'un
profond recueillement, et se recommande moins encore par les sept années de
travail employées à son achèvement, que par le précieux de ses sculptures et de
ses arabesques. Il offre d'ailleurs dans son ensemble un autre motif de curiosité;
terminé en 1532, il retrace les premiers mélanges du genre gothique avec les
innovations introduites dans les arts sous le règne de François Iᵉʳ.

C'est encore du Cours-la-Reine que l'on distingue la célèbre abbaye de Saint-
Ouen, bâtie en 1318 par l'abbé Roussel, dans le goût de l'architecture sarrasine.
Cet édifice, dont la tour à-la-fois colossale et légère présente un effet si pittoresque, a toujours été pour les habitants de Rouen un juste sujet de prédilection.
La hardiesse de sa nef, la ténuité de ses colonnes, les dégradations de la lumière
qui vient expirer sous les ogives de ses allées latérales, tout lui donne un aspect
de solennité religieuse qui respire le mystère, produit la mélancolie, et commande l'admiration. Les vitraux sur-tout, étincelants du feu de mille couleurs,
ajoutent à ce spectacle un charme magique par leurs brillants effets, et un intérêt tout particulier par le souvenir de l'événement dont ils ont été l'occasion. «On
prétend que le travail exquis de la rose qui éclaire le côté du nord est l'ouvrage
d'un des élèves de l'architecte chargé d'achever cette église, mais que celui-ci
conçut une telle jalousie à l'aspect du chef-d'œuvre de son disciple, qu'il le tua
de sa propre main.»

ROUEN.

VUE PRISE DE L'AVENUE DU MONT-RIBOUDET.

Les belles routes plantées d'arbres qui conduisent à Rouen donnent en général aux voyageurs une idée fort avantageuse des principales entrées de la ville; mais celle qui vient du Havre présente à la hauteur du Mont-Riboudet un effet de perspective remarquable : on y entrevoit le port au fond d'un berceau de verdure de plus d'une demi-lieue de long. C'est de l'extrémité de cette promenade, du côté de la ville, qu'a été pris le point de vue que nous offrons ici. La lune, en répandant une douce lumière sur ce tableau, en augmente les charmes. Ses rayons détachent en clarté la façade du faubourg Saint-Séver de dessus le fond rembruni formé par les montagnes qui bordent l'horizon. Tout est calme dans le lointain; tout annonce le silence et le repos de la nuit sur un fleuve que les feux de l'aurore vont bientôt animer d'une activité si grande. Des sloops, des goëlettes, des bricks, des chassemarées, projettent leurs ombres sur ces rives où les équipages vont déposer au retour du soleil les vins, les cidres, les bois de construction, à l'entrepôt desquels cette partie du port est principalement assignée.

Saint-Séver, qui se dessine à droite, étoit autrefois défendu, du côté de la rivière, par une forteresse bâtie par les ordres de Henri V, roi d'Angleterre. Détruite il y a un demi-siècle, elle a subi le sort de la plupart des monuments du moyen âge qui s'élevoient dans ce faubourg. L'industrie a utilisé à Rouen presque toutes les abbayes et tous les monastères. De vastes ateliers, d'immenses manufactures occupent maintenant les lieux consacrés jadis au culte monastique, et les joyeux refrains d'une population laborieuse remplacent aujourd'hui les pieux cantiques des oisifs cénobites.

ROUEN.

VUE PRISE DE LA PETITE CHAUSSÉE.

La rive méridionale de la Seine du côté de Quévilly offre une des plus agréables promenades des environs de Rouen. En se plaçant sur la petite chaussée à l'extrémité du faubourg Saint-Séver, on jouit de la perspective d'une des plus belles parties des quais. C'est là que s'élevoient jadis les tours imposantes du vieux palais. Ce château, destiné à protéger la ville du côté du couchant, occupoit tout le terrain compris entre l'entrée de l'allée du Mont-Riboudet, appelé *Pré de la bataille*, et le coin de la rue d'Harcourt; il s'étendoit dans l'intérieur de la ville jusqu'à la rue Saint-Jacques; l'entrée principale, du côté de Rouen, étoit à l'extrémité de cette rue sur la place dite du *Vieux-Palais*, qui subsiste encore sous la même dénomination. On en chercheroit inutilement aujourd'hui quelques vestiges. Quant à la citadelle, elle avoit été commencée par Henri V, roi d'Angleterre, qui légua à son fils le soin de l'achever. Sa position menaçante, ses terrasses ombragées par des ormes et des tilleuls, ses machicoulis d'où s'échappoient des guirlandes de lierre; ses créneaux tout couverts de mousse lui donnoient une physionomie bizarre, qui ne manquoit pourtant ni d'intérêt ni de charmes; mais la vétusté de ses murailles annonçant une ruine prochaine, et le prolongement des quais exigeant d'ailleurs le sacrifice de ce monument, il a été entièrement rasé. On a bâti sur son emplacement des maisons élégantes, qui font maintenant le principal ornement de ce quartier.

175

ROUEN.

VUE DU PONT DE BATEAUX.

La ville de Rouen doit à la reine Mathilde, femme de Guillaume-le-Conquérant, le premier pont en pierres qui ait uni les deux rives de la Seine. Détruit
dans le cours du quinzième siècle, à la suite d'un hiver rigoureux, il fut rem-
placé long-temps par deux bacs qui présentoient les inconvénients les plus
graves. Enfin on prit la résolution de faire construire un pont de bateaux qui, en
donnant la facilité de communiquer avec le faubourg Saint-Séver, avoit l'avantage de s'ouvrir pour laisser un libre passage aux vaisseaux. Ce nouvel ouvrage
céda à l'impétuosité des glaces dans l'hiver de 1719, ce qui nécessita la construction du pont actuel, bâti à-peu-près de la même manière que l'ancien, mais avec
des perfectionnements dont l'expérience avoit fait sentir la nécessité. Il est composé de plusieurs parties dont chacune est assujettie sur deux ou trois bateaux
fortement unis entre eux. Ce pont, dont le plan a, dit-on, été donné par un
moine, est bordé dans toute sa longueur de trottoirs et de balustrades en bois, et
il peut se démonter avec la plus grande promptitude pour livrer passage soit
aux vaisseaux soit aux glaces. Depuis quelques années, l'augmentation progressive de la population et l'étendue croissante de la ville nécessitoient des moyens
de communication plus multipliés, et qui sur-tout ne fussent jamais interrompus
pendant l'hiver, on a donc jeté à la hauteur de l'île Sainte-Croix les fonde-
ments d'un nouveau pont en pierres, dont les travaux se poursuivent avec la
plus grande activité.

C'est à l'extrémité de cette île qu'est prise la vue que nous donnons ici. Le
soleil répand ses feux sur les quais baignés par les eaux de la Seine. La plus
bruyante activité paroît régner dans toute leur étendue. Une multitude de bâtiments de formes, de grandeurs, et d'origines différentes, remplissent le port;
au-dessus de la forêt de mâts qui s'en élève, les pavillons et les flammes livrent

aux vents leurs couleurs brillantes et variées. Les négociants s'assemblent sur les lieux où sont déposées les diverses productions de l'Europe et des Indes. La bourse, la douane, et les casernes, encadrent ces tableaux animés, que terminent le Cours-Dauphin et l'avenue du Mont-Riboudet, placés aux deux extrémités du port. Les masses de verdure qu'ils présentent complètent le charme de cet ensemble, et reposent agréablement la vue fatiguée d'un spectacle aussi mouvant.

ROUEN.

VUE PRISE DE LA COTE DE BON-SECOURS.

Au moment où le voyageur parvient par la route de Paris au sommet de la côte que domine le petit village de Notre-Dame de Bon-Secours, il est frappé tout-à-coup du tableau ravissant qui se déroule à ses regards. Dans le lointain il promène tour-à-tour sa vue sur les hauteurs de Canteleu ou sur la riante vallée de Déville; plus près, il l'égare au milieu des détours que forment les eaux du fleuve et parmi les îles verdoyantes dont elles sont parsemées, tandis qu'à ses pieds une ville immense s'étend au sein d'une plaine fertile. Les différents édifices de cette cité, les flèches élancées de ses églises, la rumeur sourde qui annonce son approche, la multitude de ses maisons, la variété des pavillons qui flottent sur les vaisseaux dont son port est couvert, tout lui donne au premier abord une apparence de splendeur et de magnificence, qui n'est pas entièrement justifiée, lorsqu'on pénètre dans son enceinte. Dès qu'on parcourt ses rues sombres, étroites, et tortueuses; dès qu'on arrête ses regards sur ses maisons noircies par le temps, les premières impressions qu'on avoit conçues s'évanouissent aussitôt, et l'on s'étonne qu'une ville aussi opulente n'offre dans la plupart de ses quartiers que l'image de la misère et de la décrépitude. Au reste assez d'avantages brillants compensent ce désagrément. En effet quelle prépondérance sa puissante industrie, sa position topographique, le courage et le génie de ses habitants ne lui assurent-ils pas dans les annales du commerce et des arts? Par-tout règne sur ses quais, dans ses rues, cette activité vivifiante qui semble animer jusqu'aux êtres les plus insensibles; par-tout on est environné des produits de sa fécondité manufacturière, et plus l'on pénètre dans la connoissance de ses travaux, plus on demeure convaincu de sa force ou de sa prospérité.

Rouen comptoit autrefois six portes principales, successivement détruites depuis quarante ans. Elles portoient les noms de Beauvoisine, de Martinville, de

Saint-Hilaire, de Bouvreuil, et de Cauchoise, et complétoient avec les remparts un système de défense qui lui donnoit un aspect menaçant ; mais cet appareil de guerre est enfin disparu : de superbes boulevards ont été formés sur les ruines de ces fortifications ; des habitations commodes ont embelli ces lieux devenus, grace aux soins de M. Thiroux de Crosne, tout à-la-fois plus agréables et plus salubres. Si l'on ajoute encore à ces améliorations déja anciennes la construction plus récente du quartier de l'hôpital, et si l'on fait attention à l'élégante simplicité des maisons qu'on élève chaque jour sur l'emplacement des bâtiments gothiques qui s'écroulent, tout doit faire espérer de voir bientôt les plus heureux changements s'opérer dans l'intérieur de cette cité, déja si digne d'attention sous tant d'autres rapports.

La population de Rouen est maintenant d'à-peu-près quatre-vingt-dix mille habitants, nombre considérable, sur-tout en proportion de l'étendue de la ville.

ROUEN.

VUE PRISE DE LA HAUTEUR DE CANTELEU.

La terrasse du château de Canteleu est un des points que l'on indique de préférence au voyageur jaloux d'étudier les beautés des environs de Rouen, du haut des collines dont elle couronne le sommet. Un spectacle aussi varié qu'enchanteur se déroule aux regards. De vastes plaines traversées majestueusement par la Seine se déploient à vos pieds. Vers la droite on distingue le mont Sainte-Catherine, sur lequel s'élevoit jadis un fort détruit par les ordres de ce Henri IV, qui trouvoit qu'une ville étoit toujours assez bien défendue quand le prince pouvoit compter sur le cœur de ses habitants. Dans le fond du tableau la vue s'étend sur l'industrieuse vallée qui conduit à Darnetal; de quelque côté qu'on porte les yeux, c'est un nouveau sujet de surprise et d'admiration; en les dirigeant tout-à-fait à gauche, on découvre la vallée de Déville, qu'arrose le ruisseau de Cailly, et qui étale ses aspects variés. Ici, des manufactures et des filatures de toute espèce donnent la plus haute idée du mouvement que l'industrie imprime en ces lieux au commerce; là, des habitations pittoresques s'élèvent au milieu de jardins ravissants; plus loin, ce sont des prairies dont l'émail n'efface pas toujours les brillantes couleurs des tissus qui les couvrent. De toutes parts les efforts de l'art rivalisent avec la nature, et la simplicité des campagnes contraste agréablement avec le luxe des villes.

Ce tableau de la prospérité des environs de Rouen doit naturellement amener l'observateur à des considérations sur l'importance actuelle du commerce de cette ville. Rouen, baigné par les eaux de la Seine, et placé entre Paris et la mer, est dans une situation singulièrement favorable au commerce. Le peuple actif et ingénieux qui l'habite a su tirer tout le parti possible de cette heureuse position géographique. L'audace aventureuse des enfants de la Neustrie les poussa des premiers sur les rives du Gange, du Sénégal, et de l'Orenoque, d'où ils rapportoient, en échange des tissus, des harengs, des chapeaux, et des draperies, qu'ils y vendoient, des épices, de la gomme, de l'ivoire, et de la poudre d'or. Lorsque la découverte du Canada vint offrir à l'Europe une nouvelle branche de commerce, Rouen se hâta de s'en emparer, et cette ville devint l'entrepôt principal des belles fourrures que fournissoit la dépouille des animaux dont ces contrées sauvages étoient remplies. Malheureusement les guerres civiles, en obligeant une partie de la population à porter son industrie sur un sol étranger, arrêtèrent un instant cette prospérité commerciale. Peut-être même Rouen ne se seroit-il jamais relevé de ce coup funeste, si le génie du grand Colbert n'en eût amorti les effets, en faisant renaître peu à peu la confiance, et adopter les procédés nouveaux, au moyen desquels les fabriques de Rouen ont acquis une si grande réputation. Jusqu'à l'époque de la révolution, le commerce de cette ville n'a éprouvé que ces alternatives de prospérité ou de décadence, qu'occasionent toujours les oscillations de la politique ; mais les événements qui, depuis trente ans, ont changé la face du monde, ont aussi changé la direction et le but des affaires sur cette place. En effet, aussi long-temps que les colonies espagnoles et portugaises ont communiqué avec leurs métropoles, les cotons du Brésil arrivoient à Rouen par Lisbonne ; les indigos, les cochenilles, et les bois de teinture, par Cadix. Cette dernière cité lui renvoyoit en outre des laines pour alimenter nos fabriques ; mais l'introduction des mérinos en France, l'établissement de communications directes entre nos ports et les colonies espagnoles et portugaises, la préférence accordée par les filateurs aux cotons des États-Unis d'Amérique, ont dû donner une impulsion toute différente au commerce d'un port où le cabotage est presque exclusif, et où les bâtiments d'un fort tonnage ne peuvent pas entrer. C'est dans les vastes bassins du Havre que le commerce maritime a cherché un asile plus convenable. Les négociants de Rouen ont spécialement reporté leurs vues et leurs efforts du côté de l'industrie manufacturière. Et Rouen, malgré tous les obstacles qu'il a eus à vaincre, est encore digne sous tous les rapports de l'intérêt de la France et de la jalousie de l'Angleterre.